跟着电网企业劳模学系列培

内悬浮（内拉线）
抱杆组立铁塔

国网浙江省电力有限公司　组编

中国电力出版社
CHINA ELECTRIC POWER PRESS

内 容 提 要

本书是"跟着电网企业劳模学系列培训教材"之《内悬浮（内拉线）抱杆组立铁塔》分册，采用"项目—任务"结构进行编写，以培训对象所需掌握的专业知识要点、技能要点、经验公式三个层次进行编排，主要介绍了铁塔与抱杆结构，抱杆、工器具及设备选择，主要索具应力的计算，施工准备，铁塔组立的安全措施等内容。

本书主要供从事 110～220kV 输电线路铁塔组立的施工人员阅读使用。

图书在版编目（CIP）数据

内悬浮（内拉线）抱杆组立铁塔 / 国网浙江省电力有限公司组编 .—北京：中国电力出版社，2020.10

跟着电网企业劳模学系列培训教材

ISBN 978-7-5198-4688-6

Ⅰ．①内⋯　Ⅱ．①国⋯　Ⅲ．①架空线路－输电线路－输电铁塔－技术培训－教材　Ⅳ．① TM75

中国版本图书馆 CIP 数据核字（2020）第 091110 号

出版发行：中国电力出版社

地　　址：北京市东城区北京站西街 19 号（邮政编码 100005）

网　　址：http://www.cepp.sgcc.com.cn

责任编辑：穆智勇（010-63412336）

责任校对：黄　蓓　马　宁

装帧设计：张俊霞　赵姗姗

责任印制：石　雷

印　　刷：河北华商印刷有限公司

版　　次：2020 年 10 月第一版

印　　次：2020 年 10 月北京第一次印刷

开　　本：710 毫米 ×980 毫米　16 开本

印　　张：7

字　　数：99 千字

印　　数：0001—1500 册

定　　价：28.00 元

丛书序

　　国网浙江省电力有限公司在国家电网公司领导下，以努力超越、追求卓越的企业精神，在建设具有卓越竞争力的世界一流能源互联网企业的征途上砥砺前行。建设一支爱岗敬业、精益专注、创新奉献的员工队伍是实现企业发展目标、践行"人民电业为人民"企业宗旨的必然要求和有力支撑。

　　国网浙江公司为充分发挥公司系统各级劳模在培训方面的示范引领作用，基于劳模工作室和劳模创新团队，设立劳模培训工作站，对全公司的优秀青年骨干进行培训。通过严格管理和不断创新发展，劳模培训取得了丰硕成果，成为国网浙江公司培训的一块品牌。劳模工作室成为传播劳模文化、传承劳模精神，培养电力工匠的主阵地。

　　为了更好地发扬劳模精神，打造精益求精的工匠品质，国网浙江公司将多年劳模培训积累的经验、成果和绝活，进行提炼总结，编制了"跟着电网企业劳模学系列培训教材"。该丛书的出版，将对劳模培训起到规范和促进作用，以期加强员工操作技能培训和提升供电服务水平，树立企业良好的社会形象。丛书主要体现了以下特点：

　　一是专业涵盖全，内容精尖。丛书定位为劳模培训教材，涵盖规划、调度、运检、营销等专业，面向具有一定专业基础的业务骨干人员，内容力求精练、前沿，通过本教材的学习可以迅速提升员工技能水平。

　　二是图文并茂，创新展现方式。丛书图文并茂，以图说为主，结合典型案例，将专业知识穿插在案例分析过程中，深入浅出，生动易学。除传统图文外，创新采用二维码链接相关操作视频或动画，激发读者的阅读兴趣，以达到实际、实用、实效的目的。

　　三是展示劳模绝活，传承劳模精神。"一名劳模就是一本教科书"，丛书对劳模事迹、绝活进行了介绍，使其成为劳模精神传承、工匠精神传播的载体和平台，鼓励广大员工向劳模学习，人人争做劳模。

丛书既可作为劳模培训教材，也可作为新员工强化培训教材或电网企业员工自学教材。由于编者水平所限，不到之处在所难免，欢迎广大读者批评指正！

最后向付出辛勤劳动的编写人员表示衷心的感谢！

丛书编委会

前　言

　　本书的出版旨在传承电力劳模"吃苦耐劳，敢于拼搏，勇于争先，善于创新"的工匠精神，满足一线员工跨区培训的需求，从而达到培养高素质技能人才队伍的目的。

　　输电线路铁塔是电网的重要组成部分之一，其施工质量直接关系着整个电网的安全稳定运行。内悬浮（内拉线）抱杆组立是输电线路铁塔组立常用的施工工艺，为提高现场施工质量，国网浙江省电力有限公司王德法劳模工作室结合国家电网有限公司《110kV～750kV 输电线路工程铁塔组立施工工艺导则》和《电力建设安全工作规程　第 2 部分：电力线路》要求，针对 110kV～220kV 电压等级铁塔分解组立施工，经过广泛征求各单位意见，编写了本书。

　　本书总结了内悬浮（内拉线）抱杆组立铁塔现场施工流程及施工经验，结合《输电线路施工（第二版）》对内悬浮（内拉线）抱杆组立铁塔流程进行了完善。本书内容分为理论教学和视频模拟两大部分，对相关内容、流程进行了优化完善，突出了施工过程中准备阶段、施工流程、危险点等有关内容，明确了操作规范，对施工现场的安全措施进行了明确。

　　本书主要适用于 110～220kV 输电线路铁塔组立施工，表中参数为厂家提供，仅供参考，现场施工需以实际选购生产厂家提供参数为准。

　　限于编写时间和编者水平，不足之处在所难免，敬请各使用单位和有关人员及时提出宝贵意见。

编　者

2020 年 5 月

目　录

勇于探索　敢为人先

——记国网浙江省电力有限公司劳模王德法

王德法

浙江嘉兴人，曾获得两网改造劳动竞赛先进个人、抗冰灾光明行动功臣、刚果（金）输变电工程功臣、斯里兰卡输变电工程功臣等多项荣誉，2012年度获得浙江省电力公司劳模称号，2013年度获得浙江省嘉兴市劳模称号。

自1982年参加工作以来，王德法始终坚守在一线从事输变电基建工作，历任线路班长、变电项目经理、电缆项目经理、海外工程部主任。无论在哪个岗位上，他总能严格要求自己，在电网建设方面做出巨大贡献。

勇于探索，发挥精湛技术。作为一名新技术、新工艺的探索者，王德法多次作为技术骨干参与嘉兴公司工程施工的"第一次"。带班完成嘉兴局第一个跨地区工程台州三门县气象观察塔（高102m）的组立、参与嘉兴局第一条碳纤维复合芯导线线路工程施工的技术探讨、参与嘉兴局第一台SF_6、GIS设备的安装等，为嘉兴地区电网建设做出了突出贡献。在建设嘉兴局首个自主设计、自主施工的220kV变电站——烟雨变电站工程中，王德法担当工程项目经理，遇到了管母线预拱的技术瓶颈。他想尽办法，硬生生将管母线预拱设备的样式背了下来，并根据记忆自行组装出一台，顺利完成施工任务，最终该工程获得了"钱江杯"荣誉称号。

敢为人先，彰显责任担当。在2008年春的暴雪中，王德法远赴丽水抗冰救灾，安全保质准点完成了任务。同年，他不畏艰难、从零开始，组建起嘉兴电力局第一支自主敷设、自主安装的110kV高压电缆安装队伍，敷设的电缆总长度已超过70km。特别是2009年的110kV运河新区电缆改造工程，保证了省运会的顺利召开。在公司海外援建项目中，他勇挑重担、主动请缨，2008年远赴非洲刚果（金）担任线路专业技术负责人、2009～2014年赴斯里兰卡负责220kV输变电工程，最终"零缺陷"完成施工任务，赢得了国外同行的好评。

百折不挠，不忘传承培养。王德法不仅刻苦钻研技术，勇于担当重任，还时刻发扬劳模精神，以独特的人格魅力带出了一批敢打敢拼的优秀班组。他带领的班组已连续荣获国家安康杯十佳示范班组、青年文明号、"五佳"优秀班组等荣誉，并在2011年一举取得"嘉兴局标杆班组"荣誉称号。2013年5月，国网嘉兴供电公司创建了海外电力工程劳模工作室，为海外电力工程输出更多具有海外视野、专业知识、管理经验、跨文化沟通能力的复合型人才，同时为公司各输变电工程高效高质完成打下坚强的人才基础。王德法特地为将出国施工的职工进行外事讲座，针对外协交流、施工差异、人文风俗、自然环境、后勤保障等五个方面开展专题授课，充分发挥海外电力工程劳模工作室的作用，不断为公司各海外工程项目输送有经验、有技术、能吃苦的电力能手。

40年风雨兼程，王德法现一如既往地奋斗在电力一线的岗位上，发扬劳模工匠精神，兢兢业业，无私奉献，将"要么不做，要做就做最好"的理念薪火相传，传承电力红船铁军的优良传统，为电力事业的发展贡献出自己毕生的心血。

项目一

铁塔与抱杆结构

≫【项目描述】

本项目包含内悬浮（内拉线）抱杆组立铁塔的专业术语等内容。通过概念描述、术语说明和图解示意，了解内悬浮（内拉线）抱杆组立铁塔专业术语含义，熟悉电力线路铁塔和抱杆类型。

任务一　基础专业术语

≫【任务描述】

本任务主要讲解内悬浮（内拉线）抱杆组立铁塔的专业术语。通过概念描述、术语说明等，了解施工现场专业术语的含义。

≫【知识要点】

内悬浮（内拉线）抱杆组立铁塔常用专业术语主要有铁塔全高、铁塔呼称高、根开等。

≫【技能要领】

术语说明：

（1）抱杆：一种用于分解组塔的专用工具，和卷扬机、滑轮组、钢丝绳共同工作，根据不同荷载的设计可以起吊（几吨甚至上百吨）重物。

（2）内悬浮（内拉线）抱杆：将抱杆的内拉线下端固定在铁塔的主材上，抱杆根部置于铁塔结构轴心线，通过承托绳悬浮于铁塔的四根主材，由于抱杆在铁塔内部中心呈悬浮状态，故称为内悬浮（内拉线）抱杆。

（3）铁塔全高：铁塔最高点至地面的垂直距离，又称铁塔高度，用 H_1 表示。

（4）铁塔呼称高：铁塔最下层横担的下弦至地面的垂直距离，简称呼称高，常用 H_2 表示。

（5）根开：两相邻塔腿中心之间的水平距离，用 A 或 B 表示。

任务二　铁塔结构解析

≫【任务描述】

本任务主要讲解铁塔的分类、型号、型式及结构等内容。通过概念描述、术语说明、图解示意等，了解铁塔的用途，熟悉铁塔的结构类型。

≫【知识要点】

铁塔本体可分为塔头、塔身和塔腿三部分。无内窗口（干字型、鼓型等）的铁塔，下横担以上部分称塔头；有内窗口（猫头型、酒杯型等）的铁塔，颈部以上部分称塔头。一般位于基础上面的第一段桁架称塔腿，塔头与塔腿之间的各段桁架称塔身。

铁塔的塔身为截锥形的立体桁架，桁架的横断面多呈正方形或矩形。立体桁架的每一侧面均为平面桁架，每一面平面桁架简称为一个塔片。立体桁架的四根主要杆件称为主材。相临两主材之间用斜材（或称腹杆）及水平材（或称横材）连接，这些斜材、水平材统称辅助材（或辅铁）。

斜材与主材的连接处或斜材与斜材的连接处称为节点。杆件纵向中心线的交点称为节点的中心。相邻两节点间的主材部分称为节间，两节点中心间的距离称为节间长度。

≫【技能要领】

一、铁塔的分类

架空送电线路的铁塔一般根据其用途、导线回路数、结构型式等进行分类。

1. 按用途分

铁塔按用途分为如下三类。

（1）直线型铁塔（代号 Z）：位于线路的直线地段，主要承受导线及避雷线的垂直荷重和水平风压荷重。

（2）耐张型铁塔（代号 N）：位于线路的直线、转角及进出变电所终端等处，包括下述三种铁塔：

1）直线耐张型铁塔。其作用是将线路的直线部分分段及控制事故范围。在事故情况下，承受断线拉力而不致扩展到相邻的耐张段。

2）转角耐张型铁塔。位于线路的转角地点，具有与耐张铁塔相同的作用和特点在正常情况下，承受导线及避雷线向内角的合力。根据转角大小的不同，转角铁塔一般分为多个型号。

3）终端耐张型铁塔。位于线路的起止点，它同时允许线路转角。在正常情况下，它承受线路侧的架空线张力；在事故情况下，它承受架空线的断线张力。

（3）特殊型铁塔：包括用于跨越、换位、分支等特殊要求的铁塔。

1）跨越铁塔（代号 K）。当线路跨越河流、铁路、公路或其他电力线等障碍物时，常常需要较高的直线塔或耐张塔，一般以直线塔较多。

2）换位铁塔（代号 H）。主要起导线换位作用，有直线换位塔和耐张换位塔两种。

3）分支铁塔（代号 F）。用于线路分支处，有直线分支和耐张分支两种。

2. 按导线回路数分

铁塔按导线回路数分为单回路铁塔、双回路铁塔和多回路铁塔三类。

3. 按结构型式分

常用铁塔按结构型式分为如下两类：

（1）自立式铁塔：不带拉线的铁塔，也称刚性铁塔，有宽基和窄基两种。宽基塔的底宽与塔高的比值：承力型为 1/4～1/5，直线型为 1/6～1/8；

窄基塔的宽高比为 1/12～1/13。

（2）自立式钢管杆塔：近年来城市电网应用较多的一种塔型，断面有环形和多边形两种。

二、自立式铁塔的外形

常用自立式铁塔有上字型塔（代号 S）、干字型塔（代号 G）、鼓型塔（代号 Gu）、酒杯型（代号 B），如图 1-1 所示。

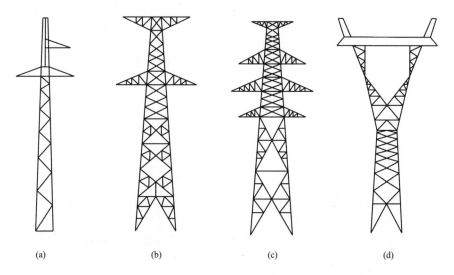

(a)　　　　　　　(b)　　　　　　　(c)　　　　　　　(d)

图 1-1　自立式铁塔简图

（a）上字型塔；（b）干字型塔；（c）鼓型塔；（d）酒杯型塔

任务三　抱杆结构解析

≫【任务描述】

本任务主要讲解内悬浮抱杆的构成、优势及结构等内容。通过概念描述、术语说明、图解示意等，了解内悬浮抱杆的优势，熟悉内悬浮抱杆的结构。

》【知识要点】

内悬浮抱杆由朝天滑车、抱杆提升滑车及抱杆本身构成。在抱杆两端设有连接拉线系统和承托系统用的抱杆帽及抱杆底座。

朝天滑车连接于抱杆帽，其主要作用是穿过起吊绳以提升铁塔塔片并将起吊重力轴向传递给抱杆。单片法用单轮朝天滑车，双片法用双轮朝天滑车。抱杆帽与抱杆的连接采用轴心连接方式，朝天滑轮能在抱杆顶端围绕抱杆中心线水平旋转，以适应抱杆在任何方向起吊构件时起吊绳都能顺利通过。

抱杆提升滑车连接于抱杆底座，其作用是提升抱杆。

抱杆分段采用螺栓连接，连接螺栓的设置需保证抱杆在升降过程中不被腰环阻碍，即确保抱杆顺利通过腰环。

》【技能要领】

一、内悬浮抱杆优势

（1）采用了内拉线方式，组塔占地面积比较少，从而减少了施工占地面积。

（2）在抱杆顶部安装朝天滑车或抱杆头，在吊装塔件时可以避免产生不必要的附加弯矩，也相应地减少了因拉线受力而对抱杆产生轴向压力，等于增强了抱杆本身的承载能力。

（3）由于朝天滑车或抱杆头可以绕抱杆中心轴线进行旋转，施工时在不动抱杆主柱的条件下，调整平衡滑车和朝天滑车为同一方向后，可以吊装塔基相应面的塔材，通过方向调整即可实现 4 个方位吊装作业，不需要再将抱杆主柱旋转。

（4）抱杆底部设置抱杆提升滑车，使抱杆可随组塔高度而升高，施工更加方便。

（5）内悬浮抱杆在抱杆底部至抱杆 1/3 处设置腰环，以便更安全地提升抱杆。

二、内悬浮抱杆的结构

抱杆本体按结构方式分为钢管式和角钢式两种。钢管式抱杆根据起吊允许荷载，采用不同外径、壁厚钢管制成，分设上、下两固定端，中段可根据塔片高度不同、荷载设计不同而调整，见图1-2。

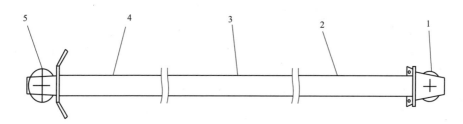

图 1-2 钢管式内悬浮抱杆结构图

1—朝天滑车；2—抱杆上段；3—抱杆中段；4—抱杆下段；5—底滑车

角钢式抱杆同样根据起吊荷载，采用不同主材、辅材、节距、长度等制成，分上中下三段，上下段制成拔梢形，中段为等截面可多段连接，边长一般取 350～500mm，各段之间用内置螺栓相连接，见图1-3。

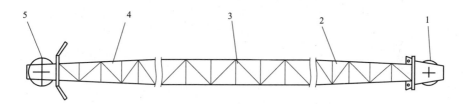

图 1-3 角钢式内悬浮抱杆结构图

1—朝天滑车；2—抱杆上段；3—抱杆中段；4—抱杆下段；5—底滑车

抱杆上段顶端装有朝天滑车，朝天滑车下方焊接四只拉线挂板；抱杆下段底端装有底滑车及两只承托绳挂板。

项目二

抱杆、工器具及设备选择

》【项目描述】

本项目介绍内悬浮（内拉线）抱杆组立铁塔的抱杆、工器具及设备选择方法等内容。通过原理分析、图解示意和经验公式，了解抱杆、工器具及设备的情况，掌握抱杆、工器具及设备的选择方法等内容。本书仅针对角钢结构抱杆进行教学。

任务一　抱　杆　选　择

》【任务描述】

本任务主要讲解内悬浮（内拉线）抱杆组立铁塔的抱杆规格及选择方法等内容。通过原理分析、图解示意和经验公式等，了解抱杆基本参数，掌握抱杆的选择方法等内容。

》【知识要点】

角钢结构抱杆规格及技术参数见表 2-1。

表 2-1　　　　　　　　　角钢结构抱杆规格及技术参数

抱杆截面	抱杆高度(m)	长细比 λ	主材(mm)	斜材(mm)	临界压力(失稳，kN)	安全系数	允许最大中心受压(kN)	内拉线工况允许最大吊重(kN)	外拉线工况允许最大吊重(kN)	角度偏斜范围(°)	上梢长度及小头截面(mm)	下节长度及小头截面(mm)
□350	14	95	∠50×50×5	∠25×3	140	2.5	56	10	16	5~8	4000；200×200	4000；200×200
□400	16	88	∠60×60×5	∠30×3	205	2.5	82	12	23	5~8	4000；200×200	4000；200×200
□500	21	82	∠70×70×6	∠40×3	287	2.5	115	15	30	5~8	4500；300×300	4500；300×300
□550	25	82	∠70×70×6	∠40×3	235	2.5	94	13	26	5~8	3000；250×250	3000；250×250

注　表中参数为厂家提供，仅供参考，现场施工需以实际选购生产厂家提供参数为准。

>> 【技能要领】

一、抱杆长度选择计算

抱杆全长计算式为

$$L = K_b H_i \tag{2-1}$$

式中　L——抱杆全长，m；

　　　H_i——铁塔吊装中最高一段高度，m；

　　　K_b——系数，取决于 B/H_i，见表 2-2。

表 2-2　　　　　　　　　　　　K_b 系数表

B/H_i	单面起吊
<1.2	—
≥1.2	1.75

注　B 为铁塔段宽度，m。

一般抱杆各段长度取 $L_1 = 2L_2$ 或 $L_1 = 2/3L$，见图 2-1。

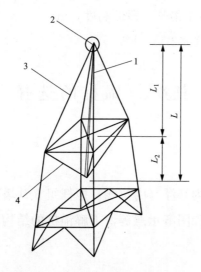

图 2-1　悬浮抱杆各段长度示意图

1—抱杆；2—朝天滑车；3—内拉线；4—承托绳

L_1—抱杆工作段长度；L_2—悬浮工作段长度；L—抱杆全长

二、抱杆使用注意事项

（1）抱杆使用前必须检查其完好性，凡是缺少部件（含铆钉等）及主、斜材严重锈蚀的严禁使用。

（2）抱杆的吊重应控制在施工方案的容许荷载以内。抱杆的容许轴心压力与抱杆的吊重是不一样的，使用时务必分清（具体见表 2-1）。

（3）抱杆的接头螺栓必须按规定安装齐全，且应拧紧。组装后的整体弯曲度不应超过 1/600，起吊最大荷载时弯曲度不应超过 2‰。

≫【经验公式】

抱杆长度的选择取决于被吊构件、吊点绳的高度、起吊绳预留高度等。

如以吊装塔段高度为依据，在实际施工过程中，当塔段端面宽度与高度之比介于 1.2~1.4 时，经验取值为

$$L = 1.75H_i \tag{2-2}$$

式中　L——抱杆的长度，m；

　　H_i——铁塔分段中最长一段的高度，m。

特殊塔形可参阅式（2-1）计算。

任务二　锚桩的选择

≫【任务描述】

本任务主要讲解内悬浮（内拉线）抱杆组立铁塔的锚桩等内容。通过结构介绍、原理分析和图解示意等，了解锚桩的结构，掌握锚桩的计算和选择方法等内容。

≫【知识要点】

在送电线路施工中，为了固定绞磨、起重滑车组、转向滑车及各种临

时拉线等，都需要使用临时地锚或临时桩锚。地锚指锚体埋入地面以下一定深度的土层中而承受上拔力；桩锚指用锤击或其他施力方法使桩部分沉入土层部分外露而承受拉力。

一、锚桩选用原则

抱杆起立总锚桩、反侧拉线锚桩、制动锚桩等所有锚桩，应根据不同载荷选择，具体锚桩选择应根据实际计算确定。

二、锚桩使用要求

（1）锚桩选定前应进行现场踏勘，按受力工况及土质情况经计算后确定，提出并明确锚桩的型式、布置深度、布置位置及允许载荷等要求。

（2）施工时严格按方案要求布置锚桩，实施过程中发现地形或地质情况与方案不符，无法满足要求的，现场作业负责人应及时将信息反馈给项目部。锚桩埋设、锚桩使用前应经现场作业负责人确认。

（3）锚桩布设区域应设围栏和警示标志，设置防雨布及排水沟并设标识牌，并做防盗、防松等措施。对重要锚桩或作业地点治安状况欠妥区域，应设专人值守。

（4）加强锚桩的日常使用检查，暴雨、大风等恶劣天气后应对锚桩进行专项检查，发现锚桩位移、上浮现象时应及时进行补强加固。

（5）树桩等外部物体在受力不明的情况下不得作为受力锚桩使用。

（6）锚桩坑的位置应避开不良地理条件，如低洼易积水、受力侧前方有陡坎及新填土的地方。

（7）地锚坑应开挖马道，马道宽度应以能放置钢丝绳为宜，不应太宽。马道坡度应与受力绳方向一致。

（8）地锚安置在坑内后应进行回填土，要求如下：

1）对于次坚土和普通土应回填土，且应夯实。

2）对于软土及水坑，应先将水排除后再回填土夯实。

（9）当锚桩受力不满足安全要求时，根据锚桩类型不同采取相应措施：地锚可增加深度或加大受力面积，地钻或桩锚可增加使用数量组成组桩、群桩，也可在受力侧增设枕木及挡板等对锚桩实施加固以增加受力面积。

（10）如遇岩石地带需要设置锚桩时，应提前开挖锚桩坑或采用岩石锚筋基础，锚筋的规格视受力大小选择。

（11）地锚的钢丝绳套应安置在锚体的中间位置或锚体出厂安装环，如果偏心会降低锚桩的抗拔力。

三、锚桩地质条件的分类及判定

由于锚桩都是利用天然土壤的物理特性而承受上拔力和抗压力的，因此对土壤进行分类和判定是确定使用锚桩的先决条件。

土壤的物理性能指标很多，其分类方法在各文献中也不同，本书依照送电线路安全规程对土壤进行分类，见表 2-3。同时，土壤的简易判别可用镐、铲掘进的难易程度来区别。

表 2-3 土壤的分类及简单判别

项目		土 壤 类 别				
		特坚土	坚土	次坚土	普通土	软土
土壤名称		风化岩或碎石土	黏土、黄沙粗砂土	亚黏土、亚砂土	粉土、粉砂土	淤泥，填土
土壤状态		坚硬	硬塑	硬塑	可塑	软塑
含水状态		干燥	稍湿	中湿	较湿	极湿
密实度		极密	密室	中密	稍密	微密
主要物理指标	密度 γ_0（kg/m³）	1900	1800	1700	1600	1500
	计算抗拔角 φ_1（°）	30	25	20	15	10
	凝聚力（N/mm²）	0.05	0.04	0.02	0.01	
	许可地耐力（N/mm²）	0.5	0.4	0.3	0.2	0.1
开挖坡度（高∶宽）		1∶0	1∶0.15	1∶0.3	1∶0.5	1∶0.75
简易判别法		镐难以掘进，需要爆破	镐可以掘进，土壤成块状	镐易掘进，铲无法掘进	一般可不用镐，可用铲，同时用脚踩	用铲易掘进，无需脚踩

>> 【技能要领】

一、钢板地锚

（1）钢板地锚采用土中埋入式，根据地锚的受力吨位要求，按地锚位移时带动的斜向倒置锥体土块重量并考虑安全系数，计算不同土质地锚的埋深要求，使用时结合各塔位土质情况进行配置。

（2）不同土质的单位容重和计算抗拔角见表 2-4。

表 2-4　　　　　　　　　　不同土质的单位容重和计算抗拔角

土质名称	土的状态	单位容重 r（kN/m³）	计算抗拔角 φ_1（°）
黏土	硬塑	17	25
	可塑	16	20
	软塑	16	10

（3）钢板地锚受力计算式如下：

$$Q = \frac{1}{k}\left[dl\left(\frac{h}{\sin\alpha}\right) + (d+l)\left(\frac{h}{\sin\alpha}\right)^2 \tan\varphi_1 + \frac{4}{3}\left(\frac{h}{\sin\alpha}\right)^3 (\tan\varphi_1)^2 \right] \times r \times \sin\alpha$$

$$(2\text{-}3)$$

式中　Q——地锚容许抗拔力，kN；

　　　d——钢板地锚的宽度，m；

　　　l——钢板地锚的长度，m；

　　　h——地锚有效埋深，m；

　　　α——地锚受力方向与水平方向的夹角，（°）；

　　　φ_1——土壤的计算抗拔角，（°）；

　　　r——土壤的容重，kN/m³；

　　　k——安全系数，取 2～4。

（4）地锚一般为斜向受力，其抗拔力计算如图 2-2 所示。

（5）钢板地锚的形式有封闭式和敞开式两种，如图 2-3 所示，各自的容许拉力见表 2-5 及表 2-6。

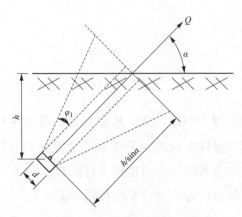

图 2-2　斜向受力地锚抗拔计算图

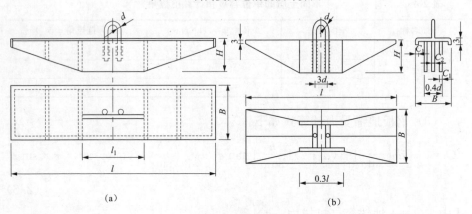

(a)

(b)

图 2-3　钢板地锚形式

（a）封闭式；（b）敞开式

表 2-5　　　　　　　　　　封闭式钢板锚体的容许拉力

型号	主要尺寸（mm）				容许拉力（kN）	质量（kg）
	d	l	l_1	H		
FM-1	28	1000	200	180	49	18
FM-2	30	1100	250	200	78.5	20
FM-3	38	1100	300	230	147.1	23

表 2-6　　　　　　　　　　敞开式钢板锚体的容许拉力

型号	主要尺寸（mm）				容许拉力（kN）	备注
	d	l	B	H		
CM-1	20	600	150	60	29.4	
CM-2	20	800	200	80	34.3	

续表

型号	主要尺寸（mm）				容许拉力（kN）	备注
	d	l	B	H		
CM-3	22	1000	250	100	44.1	
CM-4	24	1200	300	140	49.0	
CM-5	24	1200	300	140	78.5	加强型
CM-6	26	1500	375	160	83.4	加强型

二、地钻

（1）按土重法近似计算地钻锚土体的抗拔力。

如图 2-4 所示，地钻锚有两种受力状态：①钻杆垂直地平面布置；②钻杆与地平面夹角为 α 布置。

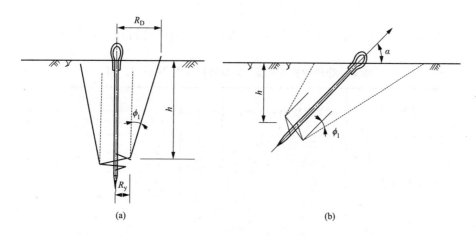

图 2-4　地钻抗拔力计算图

(a) 钻杆垂直地平面；(b) 钻杆与地平面夹角为 α

1）当地钻垂直地面布置时，如图 2-4（a）所示，抗拔力为叶片拔出的土体质量。容许抗拔力为

$$[P_c] = 10.27 \frac{\gamma h}{K_b} (R_y^2 + R_D^2 + R_y R_D) \qquad (2\text{-}4)$$

$$R_D = R_y + h \tan \varphi_1 \qquad (2\text{-}5)$$

17

式中 $[P_c]$——地钻的容许垂直抗拔力，N；

γ——土壤的单位密度，kg/m^3；

h——地钻的有效深度，m；

R_y——叶片的半径，其值为 $D_y/2$，m；

R_D——地钻上拔土体地面的半径，m；

φ_1——土壤的计算抗拔角，(°)；

K_b——地钻的抗拔安全系数。

2）当地钻杆与地平面夹角为 α 布置时，如图 2-4（b）所示，地钻锚的容许抗拔力为

$$[P_c] = \frac{10.27\gamma h}{K_b \sin\alpha}(R_y^2 + R_D^2 + R_y R_D) \tag{2-6}$$

式中 $[P_c]$——地钻斜向布置的容许抗拔力，N；

α——钻杆与地平面间的夹角，(°)。

取 $K_b = 2$ 时，计算地钻在两种布置状态下的容许抗拔力，见表 2-7。

表 2-7　　　地钻锚在两种受力状态下的容许抗拔力（$K_b = 2$，N）

布置	地钻规格（mm×mm）	h（m）	容许抗拔力		
			次坚土	普通土	软土
地钻垂直布置	$\phi 40/220\times1200$	1.1	3.16	2.00	1.17
	$\phi 40/250\times1500$	1.4	6.91	3.76	2.16
	$\phi 40/250\times1700$	1.6	8.44	5.15	2.88
	$\phi 25/300\times1700$	1.6	9.69	6.09	3.64
	$\phi 30/350\times2000$	1.9	15.50	9.65	7.15
地钻斜向布置	$\phi 40/220\times1200$	1.1	4.47	2.82	1.66
	$\phi 40/250\times1500$	1.4	9.77	5.34	3.06
	$\phi 40/250\times1700$	1.6	11.93	7.29	4.07
	$\phi 25/300\times1700$	1.6	13.70	8.61	5.15
	$\phi 30/350\times2000$	1.9	21.91	13.65	10.11

（2）在水田及软土地质条件下应使用地钻。当单根地钻不满足受力要求时，可使用 2 根、3 根或多根地钻，以满足受力要求。5 根地钻布置示意图如图 2-5 和图 2-6 所示。

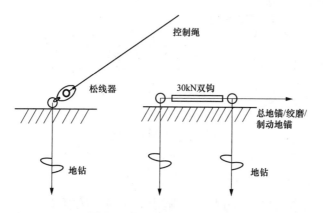

图 2-5 5 根地钻布置剖面图

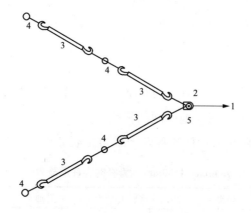

图 2-6 5 根地钻布置俯视图

1—拉绳；2—主力地钻；3—双钩；4—辅助地钻（4 个）；5—五联器

（3）地钻入土深度应根据地钻实际长度确定。

（4）采用多根地钻时，直接与拉力绳相连的地钻（即主地钻）受力最大，应使用五联器等专门连接工具，以改善群钻的受力情况。五联器如图 2-7 所示。

三、铁桩

推荐按土壤的允许地耐力计算单桩的容许承载力，计算式为

$$p \leqslant \sigma_y \cdot b \cdot h / A \tag{2-7}$$

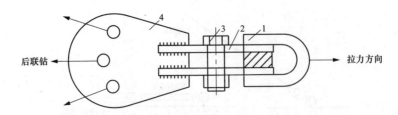

图 2-7　五联器示意图

1—拉环；2—竖向板；3—螺栓（连接主力地钻）；4—尾板（与 3 串地钻连接）

式中　p——铁桩允许承载力，kgf；

σ_y——土壤的允许耐张力，坚土为 0.4，次坚土为 0.3，普通土为 0.2，软土为 0.1，N/mm²；

b——桩体的计算宽度，mm；

h——铁桩入土高度，mm；

A——随 H_1、h 变化系数，$H_1/h=0$，$A=5$；$H_1/h=0.1$，$A=6$；$H_1/h=0.2$，$A=7$；$H_1/h=0.3$，$A=8$；$H_1/h=0.4$，$A=9$，H_1 为承力点与地面间的斜距。

$\phi50\text{mm}\times1600\text{mm}$ 钢管杆的容许承载力见表 2-8。

表 2-8　　　　　$\phi50\text{mm}\times1600\text{mm}$ 钢管杆的容许承载力　　　　　kgf

h（m）	坚土	次坚土	普通土	软土
0.8	3.2	2.4	1.6	0.8
1.0	4.0	3.0	2.0	1.0
1.2	4.8	3.6	2.4	1.2
1.4	5.6	4.2	2.8	1.4

如采用联桩，则式（2-7）需乘上联桩系数，二联桩系数取 1.8，三联桩系数取 2.5。

任务三　钢丝绳选择

》【任务描述】

本任务主要讲解内悬浮（内拉线）抱杆组立铁塔的钢丝绳选择等内容。

通过结构介绍、原理分析和图解示意等，了解钢丝绳的规格，掌握钢丝绳的选用计算和使用维护方法等内容。

≫ 【知识要点】

钢丝绳有多种结构，比较常用的是 6×37M 类。6×37M 类钢丝绳规格及抗拉强度见表 2-9。

表 2-9   **6×37M 类钢丝绳技术参数**

6×37M-FC 6×37M-IWRC

	典型结构				钢丝绳直径范围（mm）
	钢丝绳结构	股结构	外层钢丝绳		5～60
			总数	每股	
	6×37M	1-6/12/18	108	18	

钢丝绳公称直径（mm）	参考质量（kg/100m）		钢丝绳数					
			1570		1770		1960	
			钢丝绳最小破断拉力（kN）					
	纤维芯	钢芯	纤维芯	钢芯	纤维芯	钢芯	纤维芯	钢芯
5	8.65	10.0	11.6	12.5	13.1	14.1	14.5	15.6
6	12.5	14.4	16.7	18.0	18.8	20.3	20.8	22.5
7	17.0	19.6	22.7	24.5	25.6	27.7	28.3	30.6
8	22.1	25.6	29.6	32.1	33.4	36.1	37.0	40.0
9	28.0	32.4	37.5	40.6	42.3	45.7	46.8	50.6
10	34.6	40.0	46.3	50.1	52.2	56.5	57.8	62.5
11	41.9	48.4	56.0	60.6	63.2	68.3	70.0	75.7
12	49.8	57.6	66.7	72.1	75.2	81.3	83.3	90.0
13	58.5	67.6	78.3	84.6	88.2	95.4	97.7	106
14	67.8	78.4	90.8	98.2	102	111	113	123
16	88.6	102	119	128	134	145	148	160
18	112	130	150	162	169	183	187	203
20	138	160	185	200	209	226	231	250
22	167	194	224	242	253	273	280	303

续表

钢丝绳公称直径（mm）	参考质量（kg/100m）		钢丝绳数					
			1570		1770		1960	
			钢丝绳最小破断拉力（kN）					
	纤维芯	钢芯	纤维芯	钢芯	纤维芯	钢芯	纤维芯	钢芯
24	199	230	267	288	301	325	333	360
26	234	270	313	339	353	382	391	423
28	271	314	363	393	409	443	453	490
32	354	410	474	513	535	578	592	640
36	448	518	600	649	677	732	749	810
40	554	640	741	801	835	903	925	1000
44	670	774	897	970	1010	1090	1120	1210
48	797	922	1070	1150	1200	1300	1330	1440
52	936	1082	1250	1350	1410	1530	1560	1690
56	1090	1254	1450	1570	1640	1770	1810	1960
60	1250	1440	1670	1800	1880	2030	2080	2250

注　1. 直径为 5～7mm 的钢丝绳采用钢丝股芯（WSC），破断拉力用 K_3 来计算。表中给出的钢芯是独立的钢丝绳芯（IWRC）的数据。

　　2. 钢丝最小破断拉力总和＝钢丝绳最小破断拉力×1.249（纤维芯）或 1.336（钢芯）。

≫【技能要领】

一、钢丝绳的选用

（1）按强度要求选择钢丝绳时，计算公式为

$$T_m \leqslant \frac{T_b}{KK_1K_2} \tag{2-8}$$

式中　T_m——钢丝绳的最大使用拉力，kN；

　　　T_b——钢丝绳的破断拉力，如果钢丝绳镀锌因退火会降低强度约 10%，kN；

　　　K——安全系数，见表 2-10；

　　　K_1——动荷系数，见表 2-11；

K_2——不平衡系数，见表 2-12。

表 2-10 　　　　　　　　　　**钢丝绳安全系数 K 的取值**

工作性质及条件	K
用人绞磨起吊杆塔或收紧导、地线用的牵引绳	4.0
用机动绞磨、卷扬机组立杆塔或架线牵引绳	4.0
拖拉机或汽车组立杆塔或架线牵引绳	4.5
起立杆塔或其他构件的吊点固定绳（千斤绳）	4.0
各种构件临时用拉线	3.0
其他起吊及牵引用的牵引绳	4.0
起吊物件的捆绑钢丝绳	5.0

表 2-11 　　　　　　　　　　**钢丝绳动荷系数 K_1 的取值**

起吊或制动的工作方式	K_1
通过滑车组用人力绞车或绞磨牵引	1.1
直接用人力绞车或绞磨牵引	1.2
通过滑车组用机动绞车或绞磨、拖拉机或汽车牵引	1.2
直接用机动绞车或绞磨、拖拉机或汽车牵引	1.3
通过滑车组用制动器控制的制动系统	1.2
直接用制动器控制的制动系统	1.3

表 2-12 　　　　　　　　　　**钢丝绳不平衡系数 K_2 的取值**

可能承受不均匀的起重索具	K_2
用人字抱杆或双抱杆起吊时各分支抱杆	1.2
起吊门型或大型铁塔时的各分支绑固吊索	1.2
利用两条及以上钢丝绳牵引或起吊同一物体的绳索	1.2

（2）按耐久性要求选用钢丝绳时，滑轮或绞磨卷筒的最小直径应分别大于或等于钢丝绳直径的 11 倍或 10 倍。

二、旧钢丝绳的使用标准

（1）钢丝绳合用程度的判断见表 2-13。

表 2-13　　　　　　　　钢丝绳合用程度判断表

类别	钢丝绳的表面现象	合用程度	允许使用场所
1	钢丝绳摩擦轻微，无绳股突起现象	100%	重要场所
2	（1）各钢丝股已有变位、压扁及凸出现象，但未露绳芯； （2）钢丝绳个别部分有轻微锈蚀； （3）钢丝绳表面上的个别钢丝有尖刺现象，每米长度内的尖刺数目不多于钢丝总数的 3%	75%	重要场所
3	（1）绳股尖突不太危险，绳芯未露出； （2）个别部分有显著锈痕； （3）钢丝绳表面上的个别钢丝有尖刺现象，每米长度内的尖刺数目不多于钢丝总数的 10%	50%	次要场所
4	（1）绳股有显著扭曲，钢丝及绳股有部分变位，有显著尖刺现象； （2）钢丝绳全部有锈，将锈层去后钢丝上留下凹痕； （3）钢丝绳表面上的个别钢丝有尖刺现象，每米长度内的尖刺数目不多于钢丝总数的 25%	40%	不重要场所或辅助作业

（2）当钢丝绳断丝超过表 2-14 规定时应报废处理。

表 2-14　　　　　　　　钢 丝 绳 的 报 废 标 准

钢丝绳的使用安全系数	钢丝绳结构					
	6×19		6×37		6×61	
	交互捻	同向捻	交互捻	同向捻	交互捻	同向捻
6 以下	12	6	22	11	36	18
6～7	14	7	36	13	38	19
7 以上	16	8	40	15	40	20

（3）当钢丝绳表面磨损或锈蚀时，允许使用的拉力乘以修正系数，见表 2-15。

表 2-15　　　　　　钢丝绳表面有磨损时的修正系数

磨损量（按钢丝直径计，%）	10	15	20	25	30	30 以上
修正系数	0.8	0.7	0.65	0.55	0.50	0

三、钢丝绳的连接

（1）钢丝绳的连接方法见表 2-16。

表 2-16　　　　　　　　　　**钢 丝 绳 的 连 接 方 法**

项目		技术要求
钢丝绳的结合	环绳套结合	(1) 环绳套结合长度按环绳套结合长度要求进行选取，见表 2-17； (2) 各股的穿插次数不得少于 4 次； (3) 插接段长度不应小于钢丝绳直径的 20～24 倍，最短不得少于 300mm； (4) 钢丝绳插接头和环绳套，在使用前必须经过 125% 超负荷试验
	双头绳套结合	(1) 双头绳索套结合段长度按双头绳套结合长度要求扎结，见表 2-18； (2) 结合段长度不应小于钢绳直径的 15 倍，且最短不得少于 300mm
钢丝绳的连接方法	卡线法	(1) 卡接法是利用钢丝绳卡子将两根钢丝绳夹紧而连接起来。钢丝绳卡子的型式很多，常用的有元宝螺栓、U 形索卡等； (2) 钢丝绳卡子的规格要与钢丝绳的直径相配合，间距与数量按规定选用； (3) 钢丝绳卡子的螺栓要拧紧，其 U 形的弯曲部分要卡在钢绳活头的一边，以防损坏主绳。为了使绳环能保持一定的形状，防止折弯和磨损，在绳环中央应夹放心形环（鸡心环）。为了及时发现绳环受力后是否有滑动现象，应在最末一个卡子的部位放出一个安全弯
	编接法　钢绳套的编结方法　小接法	将两个绳头的绳股拆开，按一定的方法将它们编结在一起。这样编出的接头直径约为原钢绳直径的 2 倍
	编接法　钢绳套的编结方法　大接法	将两个绳头拆开后，将两绳头的绳股各割去半数，然后将两绳头对在一起，将甲绳余下的一半绳股插到乙绳中去，将乙绳余下的一半绳股编插到甲绳中去；而且编插时，将要割断的 3 股绳股一股一股地退出来，将与它们相对的绳股镶进去填补其空位，并将一退一进的两股头合在一起塞入绳芯中去。利用此法编接成的接头，因与原绳的接头相同，故可通过滑车

（2）钢丝绳套的结合长度见表 2-17 及表 2-18。

表 2-17　　　　　　　　　　**环绳套结合长度要求**

钢丝绳直径 d (mm)	每一结合段长度 a (mm)	环绳长度 l (m)	钢丝绳长度 (mm)	钢丝绳直径 d (mm)	每一结合段长度 a (mm)	环绳长度 l (m)	钢丝绳长度 (m)
19.5	400	8	16.5	25	500	8	16.5
19.5	400	10	20.5	25	500	12	24.5
22	450	8	16.5	30	700	10	21.5
22	450	12	24.5	30	700	15	31.5
图示							

环绳套的结合方式

表 2-18　　　　　　　　　　　　双头绳套结合长度要求

钢丝绳直径 d（mm）	每一结合段长度 a（mm）	环绳长度 l（m）	钢丝绳长度（mm）	钢丝绳直径 d（mm）	每一结合段长度 a（mm）	环绳长度 l（m）	钢丝绳长度（m）
12	300	300	1+2.0	22	450	600	1+3.8
16	350	400	1+2.6	25	500	700	1+4.5
19	400	500	1+3.2	30	600～800	800	1+5.5
图示							

双头绳套的结合方式

四、钢丝绳的维护及使用注意事项

（1）使用钢丝绳时，不能使钢丝绳发生锐角曲折、挑圈或由于被夹、被砸而被压成扁平。

（2）为防止钢丝绳生锈，应经常保持清洁并定期涂抹钢丝绳脂或特制无水分的防锈油，其成分的质量比为：煤焦油为 68%；3 号沥青为 10%；松香为 10%；工业凡士林为 7%；石墨为 3%；石蜡为 2%。也可以使用其他的浓矿物油（如汽缸油、钢绳油等）。钢丝绳在使用时，每隔一定时期涂一次油，在保存时最少每六个月涂一次。

（3）穿钢丝绳的滑轮边缘不许有破裂现象，以避免损坏钢丝绳。

（4）钢丝绳与设备构件及建筑物的尖角如直接接触，应垫木块或麻带。

（5）在起重作业中，应防止钢丝绳与电焊线或其他电线接触，以免触电及电弧损坏钢丝绳。

（6）钢丝绳应成卷平放在干燥库房内的木板上，存放前要涂满防锈油。

（7）当钢丝绳有腐蚀、断股、乱股以及严重扭结时，应停止使用。

（8）钢丝绳直径磨损不超过 30%，允许降低拉力继续使用；若超过 30%，按报废处理。

（9）钢丝绳经长期使用后，受自然和化学腐蚀是不可避免的。当整根钢丝绳外表面受腐蚀的麻面凭肉眼观察显而易见时不能使用。

（10）当整根钢丝绳纤维芯被挤出，各种起重机械的钢丝绳断丝后的报废标准根据表 2-12 决定。

（11）超载使用过的钢丝绳不得再使用，如果使用，需通过破断拉力试验鉴定后降级使用。若未知是否超载，一般可通过外观有无严重变形、结构破坏、纤维芯挤出和明显的卷缩、聚堆等现象来判断。

》【经验公式】

将钢丝绳直径公制尺寸换算成直径英制尺寸（1 英分＝3.175mm），其英制尺寸的平方乘 100 可得到该钢丝绳许用应力（kN），举例如下（该计算方式仅用于施工现场简便验算，此处直接取最大 5 倍安全系数）。

1.6×19 股直径 11mm 钢丝绳许用应力

11mm≈3.5 英分，其许用应力为：$3.5^2 \times 100 = 1225$kN≈1.2t。

取 5 倍安全系数验算：

其破断力为：$1225 \times 5 = 6125$kN，当公称抗拉强度为 1400MPa 时，其破断拉力总和不小于 61.3kN。

2.6×37 股直径 8.7mm 钢丝绳许用应力

8.7mm≈2.74 英分，其许用应力为：$2.74^2 \times 100 = 750$kN≈0.75t。

取 5 倍安全系数验算：

其破断力为 $750 \times 5 = 3750$kN，当公称抗拉强度为 1400MPa 时，其破断拉力总和不小于 39kN。

任务四 滑 轮 与 滑 轮 组 选 择

》【任务描述】

本任务主要讲解内悬浮（内拉线）抱杆组立铁塔的滑轮与滑轮组选择等内容。通过结构介绍、原理分析和图解示意等，了解滑轮与滑轮组的型号分类，掌握滑轮与滑轮组的使用注意事项等内容。

》【知识要点】

滑轮（也称滑车）按制作的材质分，有钢滑轮、铝滑轮及尼龙滑轮四种；按使用的方法分为定滑轮、动滑轮和定滑轮与动滑轮合成的滑轮组；按其不同作用分，有导向滑轮、平衡滑轮等。

动滑轮能减少牵引力，不能改变拉力的方向；定滑轮能改变力的方向，但不能减少牵引力；滑轮组则既能减少牵引力，又能改变拉力的方向。吊装作业中，多使用各式滑轮组，以便以较少的牵引力起吊质量较大的设备。

》【技能要领】

一、滑轮尺寸

滑轮尺寸主要是以绳槽尺寸和滑轮直径大小来表示，其中绳槽尺寸如表 2-19 所示。

表 2-19　　　　　　　　　　滑 轮 的 绳 槽 尺 寸　　　　　　　　　mm

图　示	钢丝绳的直径	a	b	c	d	e
	7.7～9.0	25	17	11	5	8
	11.0～14.0	40	28	25	8	10
	15.0～18.0	50	35	32.5	10	12
	18.5～23.5	65	45	40	13	16
	25.0～28.5	80	55	50	16	18
	31.0～34.5	95	65	60	19	20
	36.5～39.5	110	78	70	22	22
	43.0～47.5	130	95	85	26	24

表 2-17 所列滑轮绳槽尺寸可以保证钢丝绳顺利滑过，并能使其接触面积尽可能大。

钢丝绳绕过滑轮时要产生变形，故滑轮绳槽底部的圆半径应稍大于钢丝绳的半径，一般取 $R \approx (0.53 \sim 0.6)\ d$。绳槽两侧面夹角 $2\beta = 35° \sim 45°$。

滑轮的直径（指槽底的直径）$D > ed$，e 值取 $16 \sim 20$，一般的安装工地 e 值取 16，平衡滑轮的直径 $D_{\mathrm{p}} \approx 0.6D$。

二、HQ 系列滑轮

HQ 系列滑轮（ZBJ 80006—87）是通用的起重滑轮，适用于工矿企业的基本建设施工、设备安装等部门。HQ 系列滑轮由 18 个拉力等级、14 种直径、17 种结构型式的滑轮所组成，共计 48 个规格。

HQ 系列滑轮以字母"HQ"作为代号，表示起重滑轮，放在滑轮型号的首位，后面是拉力等级、轮数、结构型式代号。拉力等级和轮数两个数字之间用"×"号隔开。结构型式的代号含义如下：

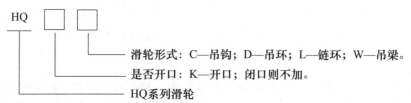

滑轮形式：C—吊钩；D—吊环；L—链环；W—吊梁。
是否开口：K—开口；闭口则不加。
HQ 系列滑轮

例如：HQD 表示吊环型闭口式滑轮。

HQ 系列滑轮的安全系数为 $2.0 \sim 3$。

三、使用滑车的注意事项

（1）滑轮组两滑轮轴心间的最小距离见表 2-20。

表 2-20　　　　　　　　滑轮组两滑轮轴心的最小距离

起重量（kN）	10	50	100～200	250～500
滑轮轴中心的最小距离（mm）	700	900	1000	1200
拉近状态下的最小长度 L（mm）	1400	1800	2000	2600

（2）滑轮应部件齐全、转动灵活。发现下列情况之一者不得使用：

1）吊钩吊环变形；

2）槽壁磨损超过其厚度的 10%。

3）槽底磨损深度大于 3mm；

4）轮缘裂纹、破损；

5）轴承变形或轴瓦磨损；

6）滑轮转动不灵。

（3）在受力方向变化较大的场合或在高处使用时应采用吊环式滑车；如采用吊钩式滑车，必须对吊钩进行封口。

（4）使用开门式滑车，必须将门扣锁好。

（5）滑车组的钢丝绳不得产生扭绞。

➤ 【经验公式】

在施工现场为方便快速验证工器具选用是否符合安全要求，经常用到平行四边形定则。

平行四边形定则是数学科的一个定律。两个向量合成时，以表示这两个向量的线段为邻边作平行四边形，这个平行四边形的对角线就表示和向量的大小和方向，这就叫作平行四边形定则。

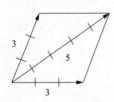

图 2-8　应用平行
四边形定则计算滑
轮受力

在现场施工过程中，将已受力的滑车与钢丝绳正投影于地面上，假设钢丝绳受力为 3t，取一根适当长度的铝丝，以一根铝丝的长度代表 1t，则在钢丝绳投影线上量取 3 倍铝丝长度（如图 2-8 所示）分别平移两条钢丝绳投影线量取长度，形成一个平行四边形。并以滑轮中心为起点，连接其对角线，用铝丝测量其长度，为 5 倍铝丝长，则该滑轮受力为 5t。

任务五　卸　扣　选　择

➤ 【任务描述】

本任务主要讲解内悬浮（内拉线）抱杆组立铁塔的卸扣选择等内容。

通过结构介绍、原理分析和图解示意等，了解卸扣的规格，掌握卸扣的使用注意事项等内容。

≫【知识要点】

卸扣是索具的一种，按型式可分为弓形（Ω形）、弓形带母卸扣和D形（U形或直形）、D形带母卸扣。卸扣使用时一定要严格遵守额定载荷，过度频繁使用和超载使用都是不允许的。市场上常见国标卸扣规格为3t，5t，8t，10t，15t，20t，25t，30t，40t，50t，60t，80t，100t，120t，150t，200t共16种规格。

≫【技能要领】

一、直形卸扣

直形卸扣的规格见表2-21。

表 2-21　　　　　　　　　直形卸扣的主要尺寸及容许负荷

卸扣号码	容许负荷（kN）	钢索（最大）直径（mm）	D	H	H_1	L	B	d	d_1
			(mm)						
0.2	1.96	4.7	15	49	35	35	12	M8	6
0.3	3.24	6.5	19	53	45	44	16	M10	8
0.5	4.90	8.5	23	72	50	55	20	M12	10
0.9	9.12	9.5	29	87	60	65	24	M16	12

续表

卸扣号码	容许负荷（kN）	钢索（最大）直径（mm）	D	H	H₁	L	B	d	d₁
						(mm)			
1.4	14.22	13	38	115	80	86	32	M20	16
2.1	20.59	15	46	133	90	101	36	M24	20
2.7	26.48	17.5	48	146	100	111	40	M27	22
3.3	32.36	19.5	58	163	110	123	45	M30	24
4.1	40.21	22	66	180	120	137	50	M33	27
4.9	48.05	26	72	196	130	153	58	M36	30
6.8	66.69	28	77	225	150	176	64	M42	36
9.0	88.26	31	87	256	170	197	70	M48	42
10.7	104.93	34	97	284	190	218	80	M52	45
16.0	156.9	43.5	117	346	235	262	100	M64	52
21.0	206.0	43.5			256	321	99	M76	65

二、高强合金钢卸扣

高强合金钢卸扣规格见表 2-22。

表 2-22　　　　　高强合金钢卸扣的主要尺寸及额定负荷

图中 D 不作为主要尺寸规格，造型时根据 d 选择。

型号	额定负荷（kN）	主要尺寸（mm）			质量（kg）
		d	B	H	
DG1	10	12	20	75.5	0.25
DG2	20	18	28	110	0.70

型号	额定负荷（kN）	主要尺寸（mm）			质量（kg）
		d	B	H	
DG3	30	22	35	127	1.1
DG4	40	24	40	148.5	1.4
DG5	50	27	44	164.5	1.5
DG6.3	63	30	50	185.5	2.8
DG8	80	33	56	207	3.5
DG10	100	39	63	235.5	5.0
DG16	160	48	79	294	8.2
DG20	200	52	89	327	11.2
DG25	250	60	99	368	15.6
DG32	320	68	112	421.5	22.2
DG40	400	75	125	462.5	30
DG50	500	85	140	520	41.5

注 产品型号由常熟电力机具厂提供。

三、使用卸扣的注意事项

（1）U 形环变形或销子螺纹损坏不得使用。

（2）不得横向受力。

（3）销子不能扣在能活动的索具内。

（4）不得处于吊件的转角处。

（5）应按标记的额定负荷使用，严禁超负荷使用。

（6）金具 U 形环不得代替工具 U 形环。

任务六 双钩紧线器选择

≫【任务描述】

本任务主要讲解内悬浮（内拉线）抱杆组立铁塔的双钩紧线器选择等

内容。通过结构介绍和原理分析等，了解双钩紧线器的型号及性能，掌握双钩紧线器的使用注意事项等内容。

≫【知识要点】

双钩紧线器是用以收紧或松出钢丝绳、钢绞线的调节工具，简称双钩。它是线路施工中收紧临时拉线最常用的工具之一。

根据使用材料的不同，双钩分为钢质双钩和铝合金双钩，前者应用较多。另外还有一种套式双钩，在收紧状态下其长度较小，便于携带。

≫【技能要领】

一、双钩的型号及性能

双钩外形如图 2-9 所示，各种双钩的型号及性能见表 2-23。

图 2-9 双钩外形图

表 2-23 双钩的型号及技术性能

类别	型号	额定负荷（kN）	最大中心距（mm）	可调节距离（mm）	质量（kg）
	SJS-0.5	5	730	230	2.5
	SJS-1	10	840	280	3.5
钢质双钩	SJS-2	20	1030	330	3.8
	SJS-3	30	1350	460	5.7
	SJS-5	50	1440	500	8.1
	SJS-8	80	1660	580	8.5

类别	型号	额定负荷（kN）	最大中心距（mm）	可调节距离（mm）	质量（kg）
套式双钩	SJST-1	10	700	290	2.5
	SJST-2	20	780	330	3.0
	SJST-3	30	950	430	4.2
	SJST-5	50	1050	450	7.1

注　产品型号由宁波天弘电力器具有限公司提供。

二、使用双钩的注意事项

（1）双钩应经常润滑保养。运输途中或不用时，应将其收缩至最短，防止丝扣碰伤。

（2）双钩的换向爪失灵、螺杆无保险螺丝、表面裂纹或变形等严禁使用。

（3）使用时应按额定负荷控制拉力，严禁超载使用。

（4）双钩只应承受拉力，不得代替千斤顶让其承受压力。

（5）使用、搬运等作业严禁抛掷，从铁塔上拆除后应用麻绳绑牢送至地面。

（6）双钩收紧后要防止因钢丝绳自身扭力使双钩倒转，一般应将双钩上下端用钢绳套连通绑死。

（7）双钩收紧后，丝杆与套管的单头连接长度不应小于50mm，尤其是套式双钩应注意结合长度，防止突然松脱。

（8）双钩受力后，将转动棘轮锁死。

项目三

主要索具应力
的计算

≫【项目描述】

本项目包含内悬浮（内拉线）抱杆组立铁塔的主要索具应力的计算等内容。通过结构介绍、原理分析和图解示意等，了解铁塔组立施工过程中各索具的受力情况，掌握计算方法等内容。

任务一　控制绳的静张力计算

≫【任务描述】

本任务主要讲解内悬浮内拉线抱杆分解组立铁塔施工控制绳的静张力计算等内容。通过结构介绍、原理分析和图解示意等，了解控制绳的受力情况，掌握控制绳的静张力计算方法等内容。

≫【技术要领】

一、抱杆竖直状态时控制绳受力分析

当抱杆为竖直状态时，假设控制绳对地夹角为 ω，受力分析如图 3-1 所示。

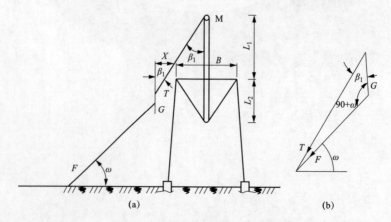

图 3-1　盘根绳及起吊绳受力分析图

（a）盘根绳及起吊绳的工作状态；（b）力系分析

由正弦定理得

$$\frac{F}{\sin\beta_1} = \frac{T}{\sin(90+\omega)} = \frac{G}{\sin[90-(\omega+\beta_1)]} \tag{3-1}$$

即

$$\frac{F}{\sin\beta_1} = \frac{T}{\cos\omega} = \frac{G}{\cos(\omega+\beta_1)} \tag{3-2}$$

其中

$$\beta_1 = \arctan\frac{\dfrac{B}{2}+X}{L_1} \tag{3-3}$$

式中　F——控制绳的静张力，kN；

　　　T——起吊绳的静张力，kN；

　　　G——被吊构件的重力，kN；

　　　β_1——起吊绳与抱杆轴线间的夹角，(°)；

　　　B——已组塔段上端的塔身宽度，m；

　　　X——已组塔段上端至被吊构件间的水平距离，m；

　　　L_1——抱杆露出已组塔段的垂直高度，m。

二、控制绳受力计算公式

由式（3-2）可得出控制绳受力的计算式为

$$F = \frac{\sin\beta_1}{\cos(\omega+\beta_1)}G \tag{3-4}$$

三、控制绳的受力系数

由式（3-4）可以看出，假设 $G=1$ 时，则控制绳的受力系数 K_{F1} 为

$$K_{F1} = \frac{\sin\beta_1}{\cos(\omega+\beta_1)} \tag{3-5}$$

构件在起吊过程中，ω 是一个变数，取其较严重工作状态时，$\omega=30°\sim45°$。

分析式（3-5）及式（3-3）可知，当 ω 确定后，K_{F1} 主要与 L_1 及 B 有关，X 一般限制等于 0.5m。设 $L_1=10$、12、14、16、18m，$B=1\sim10$m，计算得到的 K_{F1} 见表 3-1。

如果已知抱杆露出已组塔段的高度 L_1 及已组塔段的塔身断面宽度 B，则可由表 3-1 查得相应控制绳受力系数 K_{F1}，再乘以被吊构件的重力，即可得控制绳的受力。计算式为

$$F = K_{F1}G \qquad (3-6)$$

表 3-1　　　　　　　　　　抱杆竖直状态得 K_{F1} 值

L_1(m)	10		12		14		16		18	
ω(°) B(m)	30	45	30	45	30	45	30	45	30	45
1	0.123	0.157	0.101	0.129	0.086	0.109	0.075	0.094	0.066	0.083
2	0.190	0.250	0.156	0.202	0.132	0.170	0.114	0.146	0.101	0.129
3	0.261	0.354	0.213	0.283	0.180	0.236	0.156	0.202	0.137	0.177
4	0.337	0.471	0.273	0.372	0.230	0.307	0.198	0.262	0.174	0.228
5	0.419	0.606	0.337	0.471	0.282	0.386	0.243	0.326	0.213	0.283
7	0.601	0.943	0.477	0.707	0.395	0.566	0.337	0.471	0.294	0.404
8	0.702	1.157	0.553	0.849	0.456	0.670	0.388	0.553	0.337	0.471
10	0.931	1.728	0.720	1.197	0.587	0.915	0.495	0.741	0.428	0.622

四、抱杆倾斜状态时控制绳受力

起吊绳与抱杆顶铅垂线间的夹角为 β_2，如图 3-2 所示。限制 $X=0.5$m，且抱杆顶与被吊构件间的水平距离为 $B/6+X$（抱杆倾斜值为 $B/3$，下同），由此得

$$\beta_2 = \arctan \frac{\dfrac{B}{6}+X}{\dfrac{L_1}{L}\sqrt{L^2-\left(\dfrac{B}{3}\right)^2}} \qquad (3-7)$$

将 β_2 代替 β_1 代入式（3-5），控制绳受力系数 K_{F2} 计算结果见表 3-2。

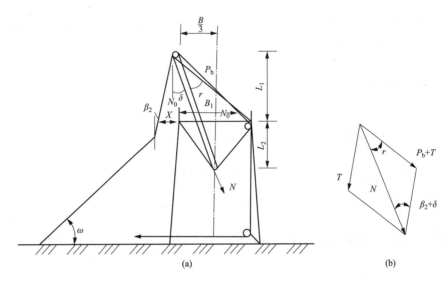

图 3-2　抱杆倾斜状态下的受力分析图

（a）抱杆倾斜状态；（b）抱杆受力分析

表 3-2　　　　　　　　　　抱杆倾斜状态的 K_{F2} 值

L_1(m)	10		12		14		16		18	
ω(°) B(m)	30	45	30	45	30	45	30	45	30	45
1	0.080	0.101	0.066	0.083	0.057	0.071	0.049	0.062	0.044	0.054
2	0.101	0.128	0.084	0.106	0.071	0.090	0.062	0.078	0.055	0.069
3	0.123	0.158	0.101	0.129	0.086	0.109	0.075	0.094	0.066	0.083
4	0.145	0.188	0.119	0.153	0.101	0.129	0.088	0.111	0.078	0.098
5	0.168	0.219	0.138	0.178	0.117	0.149	0.101	0.129	0.090	0.113
7	0.216	0.287	0.176	0.230	0.148	0.193	0.129	0.165	0.114	0.145
8	0.241	0.324	0.196	0.258	0.165	0.215	0.143	0.184	0.126	0.161
10	0.294	0.404	0.237	0.318	0.199	0.263	0.172	0.224	0.151	0.196

任务二　起吊绳的静张力计算

≫【任务描述】

本任务主要讲解内悬浮内拉线抱杆分解组立铁塔施工起吊绳的静张力

计算等内容。通过结构介绍、原理分析等，了解起吊绳的受力情况，掌握起吊绳的静张力计算方法等内容。

≫【技能要领】

一、抱杆竖直状态时起吊绳的张力及受力系数

当抱杆为竖直状态时，由式（3-2）经演算得起吊绳的张力为

$$T = G \frac{\cos\omega}{\cos(\omega + \beta_1)} \tag{3-8}$$

设起吊绳为单根钢丝绳受力，如上所述，起吊绳的受力系数 K_{T1} 为

$$K_{T1} = \frac{\cos\omega}{\cos(\omega + \beta_1)} \tag{3-9}$$

二、抱杆倾斜状态时起吊绳的受力系数

当抱杆处于倾斜状态时，起吊绳的受力系数 K_{T2} 为

$$K_{T2} = \frac{\cos\omega}{\cos(\omega + \beta_2)} \tag{3-10}$$

限制 $X = 0.5$m 时，起吊绳的受力系数 K_{T1} 及 K_{T2} 的计算结果见表 3-3 及表 3-4。

表 3-3 　　　　　　　　　　　抱杆竖直状态的 K_{T1} 值

L_1(m)	10		12		14		16		18	
ω(°) B(m)	30	45	30	45	30	45	30	45	30	45
1	1.067	1.116	1.054	1.095	1.046	1.080	1.040	1.069	1.035	1.061
2	1.107	1.189	1.086	1.152	1.072	1.126	1.062	1.108	1.054	1.095
3	1.153	1.275	1.122	1.217	1.101	1.179	1.086	1.152	1.075	1.132
4	1.205	1.374	1.161	1.290	1.133	1.237	1.113	1.200	1.098	1.172
5	1.263	1.491	1.205	1.374	1.167	1.302	1.141	1.252	1.122	1.217
7	1.400	1.795	1.305	1.581	1.246	1.456	1.205	1.374	1.175	1.317
8	1.482	1.994	1.363	1.709	1.290	1.548	1.240	1.445	1.205	1.374
10	1.672	2.536	1.496	2.031	1.390	1.770	1.319	1.611	1.270	1.506

表 3-4 抱杆竖直状态的 K_{T2} 值

L_1(m)	10		12		14		16		18	
ω(°)	30	45	30	45	30	45	30	45	30	45
B(m)										
1	1.042	1.074	1.035	1.061	1.029	1.051	1.025	1.044	1.023	1.039
2	1.054	1.095	1.044	1.077	1.037	1.065	1.032	1.056	1.029	1.050
3	1.067	1.117	1.054	1.095	1.046	1.080	1.040	1.069	1.035	1.061
4	1.080	1.140	1.065	1.113	1.054	1.095	1.047	1.082	1.041	1.072
5	1.094	1.165	1.076	1.133	1.063	1.111	1.054	1.095	1.048	1.083
7	1.124	1.220	1.099	1.174	1.082	1.144	1.070	1.123	1.061	1.107
8	1.140	1.250	1.111	1.197	1.092	1.162	1.079	1.138	1.068	1.120
10	1.175	1.317	1.137	1.246	1.113	1.200	1.096	1.169	1.083	1.147

如果起吊绳靠构件端安装单轮滑车（作动滑车）时，K_T 值近似为表中数值的一半。

任务三 抱杆轴向静压力的计算

【任务描述】

本任务主要讲解内悬浮内拉线抱杆分解组立铁塔施工抱杆轴向静压力的计算等内容。通过结构介绍、原理分析和图解示意等，了解抱杆轴向的受力情况，掌握抱杆轴向静压力的计算方法等内容。

【技术要领】

由于抱杆位置及起吊绳穿连方式的不同，抱杆静压力的计算公式也不同。

一、抱杆处于竖直状态且起吊绳穿过朝天滑车及腰滑车引至地面时抱杆的轴向静压力及轴向压力系数

如图 3-1 所示，当起吊绳穿过朝天滑车再经腰滑车引至地面时，抱杆轴向静压力 N_1 为

$$N_1 = \frac{\cos\omega\sin(\alpha+\beta_1)}{\cos(\omega+\beta_1)\cdot\sin\alpha}G \qquad (3-11)$$

43

其中

$$\alpha = \arctan\frac{B}{2L_1} \tag{3-12}$$

式中　α——拉线合力线与抱杆轴线间的夹角，（°）。

设抱杆的轴向压力系数为 K_{N1}，则

$$K_{N1} = \frac{\cos\omega \cdot \sin(\alpha + \beta_1)}{\cos(\omega + \beta_1) \cdot \sin\alpha} \tag{3-13}$$

K_{N1} 的计算结果见表 3-5。

表 3-5　　　　　　抱杆竖直状态的 K_{N1} 值（起吊绳穿过朝天滑车）

L_1(m)	10		12		14		16		18	
ω (°) B(m)	30	45	30	45	30	45	30	45	30	45
1	3.185	3.331	3.152	3.273	3.129	3.231	3.112	3.200	3.099	3.177
2	2.737	2.940	2.695	2.857	2.655	2.800	2.643	2.759	2.626	2.727
3	2.638	2.917	2.582	2.800	2.543	2.722	2.515	2.667	2.493	2.625
4	2.630	2.999	2.558	2.842	2.509	2.739	2.473	2.667	2.446	2.613
5	2.661	3.142	2.571	2.933	2.511	2.800	2.467	2.708	2.434	2.640
7	2.785	3.571	2.654	3.214	2.566	3.000	2.504	2.857	2.458	2.755
8	2.872	3.846	2.712	3.400	2.609	3.131	2.537	2.957	2.484	2.833
10	3.077	4.666	2.856	3.877	2.716	3.459	2.620	3.200	2.550	3.024

二、抱杆向构件侧倾斜且起吊绳穿过朝天滑车及腰滑车引至地面时抱杆的轴向静压力及轴向压力系数

如图 3-2 所示，由正弦定理得

$$\frac{N_2}{\sin(\beta_2 + \gamma + \delta)} = \frac{T}{\sin\gamma} = \frac{P_h + T}{\sin(\beta_2 + \delta)} \tag{3-14}$$

经演算得抱杆轴向静压力 N_2 为

$$N_2 = \frac{\sin(\beta_2 + \gamma + \delta)}{\sin\gamma}T \tag{3-15}$$

将式（3-8）代入式（3-15）得

$$N_2 = \frac{\cos\omega \sin(\beta_2 + \gamma + \delta)}{\cos(\omega + \beta_2)\sin\gamma}G \tag{3-16}$$

其中

$$\delta = \arcsin \frac{B}{3L} \tag{3-17}$$

$$\gamma = \arctan \frac{5B}{\dfrac{6L_1}{L}\sqrt{L^2 - \left(\dfrac{B}{3}\right)^2}} - \delta \tag{3-18}$$

式中　N_2——抱杆处于倾斜状态的轴向静压力，kN；

　　　P_h——拉线的合力，kN；

　　　δ——抱杆轴线与铅垂线间的夹角，简称抱杆倾角，(°)；

　　　γ——受力拉线的合力线与抱杆轴线间的夹角，(°)。

设抱杆倾斜状态的静压力系数为 K_{N2}，则

$$K_{N2} = \frac{\cos\omega \sin(\beta_2 + \gamma + \delta)}{\cos(\omega + \beta_2)\sin\gamma} \tag{3-19}$$

K_{N2} 的计算结果见表 3-6。

表 3-6　　　　抱杆竖直状态的 K_{N2} 值（起吊绳穿过朝天滑车）

L_1(m)	10		12		14		16		18	
ω(°) B(m)	30	45	30	45	30	45	30	45	30	45
1	2.554	2.630	2.536	2.599	2.524	2.578	2.555	2.603	2.584	2.626
2	2.150	2.233	2.132	2.200	2.119	2.176	2.144	2.193	2.165	2.210
3	2.031	2.127	2.009	2.086	1.994	2.059	2.014	2.071	2.034	2.085
4	1.982	2.093	1.956	2.045	1.938	2.013	1.956	2.021	1.973	2.031
5	1.963	2.092	1.932	2.034	1.911	1.997	1.927	2.001	1.941	2.007
7	1.966	2.135	1.924	2.056	1.895	2.004	1.906	2.000	1.917	2.000
8	1.980	2.171	1.930	2.079	1.897	2.019	1.906	2.010	1.914	2.007
10	2.022	2.266	1.956	2.142	1.913	2.064	1.916	2.044	1.920	2.032

三、抱杆处于竖直状态且起吊绳穿过抱杆顶的边滑车沿抱杆引至地面时抱杆的轴向静压力及轴向压力系数

如图 3-3 所示，由正弦定理得

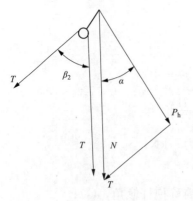

图 3-3　抱杆竖直状态的受力分析

$$\frac{T}{\sin\alpha} = \frac{N}{\sin(\beta_1 + \alpha)} = \frac{P_h}{\sin\beta_1} \qquad (3\text{-}20)$$

则

$$N = T\frac{\sin(\beta_1 + \alpha)}{\sin\alpha} \qquad (3\text{-}21)$$

抱杆的轴向静压力应考虑牵引绳的作用，该状态下的静压力 N_{11} 为

$$N_{11} = T\left[\frac{\sin(\beta_1 + \alpha)}{\sin\alpha} + 1\right] \qquad (3\text{-}22)$$

即

$$N_{11} = \frac{\cos\omega}{\cos(\omega + \beta_1)}\left[\frac{\sin(\beta_1 + \alpha)}{\sin\alpha} + 1\right]G \qquad (3\text{-}23)$$

设抱杆的轴向压力系数为 K_{N11}，则

$$K_{N11} = \frac{\cos\omega}{\cos(\omega + \beta_1)}\left[\frac{\sin(\beta_1 + \alpha)}{\sin\alpha} + 1\right] \qquad (3\text{-}24)$$

K_{N11} 的计算结果见表 3-7。

表 3-7　　　　　抱杆竖直状态的 K_{N11} 值（起吊绳穿过边滑车）

B(m) ＼ L_1(m) ＼ ω(°)	10		12		14		16		18	
	30	45	30	45	30	45	30	45	30	45
1	4.251	4.451	4.206	4.368	4.175	4.311	4.152	4.269	4.134	4.328
2	3.844	4.130	3.781	4.009	3.737	3.926	3.705	3.867	3.680	3.822
3	3.789	4.191	3.704	4.017	3.644	3.901	3.601	3.819	3.568	3.757
4	3.835	4.374	3.719	4.132	3.642	3.976	3.586	3.867	3.544	3.785
5	3.924	4.633	3.776	4.307	3.678	4.102	3.608	3.960	3.556	3.857
7	4.185	5.366	3.959	4.795	3.812	4.456	3.709	4.231	3.633	4.072
8	4.354	5.856	4.075	5.109	3.899	4.679	3.777	4.402	3.689	4.207
10	4.749	7.202	4.352	5.908	4.106	5.229	3.939	4.811	3.820	4.530

四、抱杆向构件侧倾斜且起吊绳穿过边滑车沿铅垂线引至地面时抱杆的轴向静压力及轴向压力系数

如图 3-4 所示，作用于抱杆顶部的静压力包括起吊绳产生的静压力和牵引绳产生的静压力。

起吊绳引起的静压力由正弦定理得

$$N_{01} = G\frac{\cos\omega\sin(\beta_2+\gamma+\delta)}{\cos(\omega+\beta_2)\sin\gamma} \quad (3\text{-}25)$$

若略去滑车摩阻系数的影响时，牵引绳引起的静压力由正弦定理得

$$N_{02} = G\frac{\cos\omega\sin(\gamma+\delta)}{\cos(\omega+\beta_2)\sin\gamma} \quad (3\text{-}26)$$

抱杆处于倾斜状态，起吊绳沿铅垂线引下时，抱杆的综合轴向压力 N_{21} 为

$$N_{21} = N_{01} + N_{02} =$$

$$\frac{\cos\omega}{\cos(\omega+\beta_2)\sin\gamma}[\sin(\beta_2+\gamma+\delta)+\sin(\gamma+\delta)]G \quad (3\text{-}27)$$

设抱杆轴向压力系数为 K_{N21}，则

$$K_{N21} = \frac{\cos\omega}{\cos(\omega+\beta_2)\sin\gamma}\times[\sin(\beta_2+\gamma+\delta)+\sin(\gamma+\delta)] \quad (3\text{-}28)$$

K_{N21} 的计算结果见表 3-8。

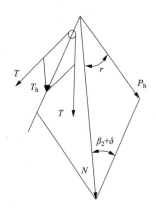

图 3-4　起吊绳铅垂线引下时的抱杆受力分析

表 3-8　　　　抱杆竖直状态的 K_{N21} 值（起吊绳穿过边滑车）

L_1(m)	10		12		14		16		18	
ω(°)	30	45	30	45	30	45	30	45	30	45
B(m)										
1	3.957	4.095	3.947	4.046	3.928	4.011	3.976	4.050	4.020	4.085
2	3.589	3.727	3.525	3.670	3.535	3.629	3.575	3.658	3.611	3.685
3	3.489	3.653	3.449	3.582	3.421	3.533	3.456	3.553	3.489	3.576
4	3.461	3.655	3.412	3.568	3.379	3.509	3.409	3.523	3.437	3.538
5	3.464	3.691	3.405	3.586	3.366	3.516	3.391	3.522	3.416	3.532
7	3.518	3.819	3.435	3.671	3.380	3.574	3.396	3.564	3.414	3.562
8	3.559	3.904	3.462	3.729	3.399	3.617	3.410	3.598	3.423	3.589
10	3.665	4.108	3.534	3.870	3.451	3.722	3.450	3.682	3.455	3.657

任务四　抱杆拉线的受力计算

》【任务描述】

本任务主要讲解内悬浮内拉线抱杆分解组立铁塔施工抱杆拉线的受力计算等内容。通过结构介绍、原理分析等，了解抱杆拉线的受力情况，掌握抱杆拉线的受力计算方法等内容。

》【技能要领】

一、抱杆垂直地面且起吊绳穿过朝天滑车及腰滑车时拉线受力

拉线受力如图 3-1 所示，此时拉线受力大小为构件重力的 10%～30%。

二、抱杆向构件侧倾斜且起吊绳穿过朝天滑车及腰滑车时拉线受力

拉线受力如图 3-2 所示，此时假设拉线与起吊绳处在同一位置时，由式（3-14）经演算得

$$P_h = \frac{\sin(\beta_2 + \delta)}{\sin\gamma}T - T \qquad (3\text{-}29)$$

即

$$P_h = \left[\frac{\sin(\beta_2 + \delta)}{\sin\gamma} - 1\right] - T \qquad (3\text{-}30)$$

三、抱杆垂直地面且起吊绳穿过抱杆顶边滑车沿抱杆引至地面时拉线受力

由式（3-20）经演算得

$$P_h = \frac{\cos\omega \sin\beta_1}{\cos(\omega + \beta_1)\sin\alpha}G \qquad (3\text{-}31)$$

单根拉线的张力为 P_{11}，则

$$P_{11} = \frac{\cos\omega\sin\beta_1}{2\cos(\omega+\beta_1)\sin\alpha\cos\theta_1}G \qquad (3\text{-}32)$$

其中

$$\theta_1 = \arctan\frac{B}{2\sqrt{L_1^2 - \left(\dfrac{B}{2}\right)^2}} \qquad (3\text{-}33)$$

式中　θ_1——受力拉线与拉线合力线间的夹角，（°）。

　　设拉线静张力系数为 K_{P11}，则

$$K_{P11} = \frac{\cos\omega\sin\beta_1}{2\cos(\omega+\beta_1)\sin\alpha\cos\theta_1} \qquad (3\text{-}34)$$

K_{P11} 值的计算结果见表 3-9。

表 3-9　　　　　　　　　　　　抱杆竖直状态的 K_{P11} 值

L_1 (m)	10		12		14		16		18	
ω (°) B (m)	30	45	30	45	30	45	30	45	30	45
1	1.064	1.113	1.052	1.093	1.044	1.087	1.039	1.068	1.034	1.060
2	0.829	0.891	0.814	0.863	0.804	0.844	0.796	0.831	0.790	0.821
3	0.770	0.852	0.749	0.813	0.735	0.786	0.725	0.769	0.717	0.755
4	0.759	0.866	0.730	0.811	0.711	0.776	0.698	0.752	0.688	0.735
5	0.770	0.909	0.731	0.834	0.706	0.787	0.689	0.756	0.676	0.734
7	0.828	1.063	0.765	0.927	0.726	0.848	0.699	0.797	0.680	0.762
8	0.874	1.175	0.794	0.995	0.745	0.894	0.712	0.830	0.690	0.787
10	0.987	1.497	0.868	1.179	0.797	0.998	0.750	0.916	0.717	0.851

四、抱杆向构件侧倾斜且起吊绳穿过边滑车沿铅垂线引下时拉线受力

由正弦定理推导并经演算得单根拉线的静张力 P_{21} 为

$$P_{21} = \frac{\cos[\sin(\beta_2+\delta)+\sin\delta]}{2\cos(\omega+\beta_2)\sin\gamma\cos\theta_2}G \qquad (3\text{-}35)$$

其中

$$\theta_1 = \arctan \dfrac{B}{2\sqrt{L_1^2 - \left(\dfrac{5B}{6}\right)^2}} \tag{3-36}$$

其中

$$L'_1 = \dfrac{L_1}{L}\sqrt{L^2 - \left(\dfrac{B}{3}\right)^2} \tag{3-37}$$

式中　θ_2——单根拉线与拉线合力线间的夹角，(°)；

　　　L'_1——抱杆外露长度在铅垂线上的投影距离，m。

设单根拉线静张力系数为 K_{P21}，则

$$K_{P21} = \dfrac{\cos\left[\sin(\beta_2 + \delta) + \sin\delta\right]}{2\cos(\omega + \beta_2)\sin\gamma\cos\theta_2} \tag{3-38}$$

K_{P21} 值的计算结果见表3-10。

表3-10　　　　　　　　　　抱杆倾斜状态的 K_{P21} 值

L_1(m)	10		12		14		16		18	
ω(°) B(m)	30	45	30	45	30	45	30	45	30	45
1	0.950	0.979	0.943	0.966	0.937	0.975	0.965	0.983	0.989	1.005
2	0.754	0.783	0.744	0.768	0.737	0.757	0.761	0.778	0.781	0.797
3	0.705	0.738	0.689	0.715	0.679	0.701	0.699	0.719	0.718	0.736
4	0.695	0.734	0.672	0.703	0.658	0.683	0.675	0.698	0.692	0.712
5	0.704	0.750	0.673	0.708	0.653	0.682	0.668	0.693	0.674	0.697
7	0.755	0.819	0.702	0.750	0.669	0.708	0.677	0.710	0.685	0.715
8	0.792	0.868	0.726	0.782	0.686	0.730	0.689	0.727	0.694	0.727
10	0.883	0.990	0.789	0.864	0.730	0.787	0.723	0.772	0.721	0.763

任务五　抱杆承托绳的受力计算

》【任务描述】

　　本任务主要讲解内悬浮内拉线抱杆分解组立铁塔施工抱杆承托绳的受力计算等内容。通过结构介绍、原理分析和图解示意等，了解抱杆承托绳

的受力情况，掌握抱杆承托绳的受力计算方法等内容。

≫【技能要领】

抱杆所受的轴向力及抱杆自重，经由抱杆底座传递给承托系统，承托系统所受张力在四条承托绳之间分配。

由于起吊构件时，抱杆将不可避免地出现一定倾斜，而且倾斜方向随着起吊构件位置及腰滑车位置变化而变化，这就使计算变得复杂。为简化计算，假设抱杆倾斜方向基本上是在垂直线路方向的立面内，且根部位于塔身轴线上。

根据承托绳的工作状态绘制受力分析图，如图 3-5 所示。

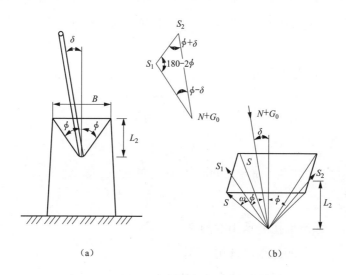

图 3-5　承托绳受力分析图

（a）承托绳的工作状态；（b）承托绳力系分析

根据正弦定理可得

$$\frac{S_1}{\sin(\varphi+\delta)} = \frac{S_2}{\sin(\varphi-\delta)} = \frac{N+G_0}{\sin 2\varphi} \tag{3-39}$$

经演算得

$$S_1 = \frac{(N+G_0)\sin(\varphi+\delta)}{\sin 2\varphi} \tag{3-40}$$

$$S_2 = \frac{(N + G_0)\sin(\varphi - \delta)}{\sin 2\varphi} \tag{3-41}$$

其中

$$\varphi = \arctan \frac{B}{2L_2} \tag{3-42}$$

式中　S_1——抱杆的起吊构件侧承托绳的合力，kN；

S_2——抱杆的起吊构件对侧承托绳的合力，kN；

G_0——抱杆自身重力，kN；

φ——同侧两根承托绳合力线与铅垂线间的夹角，（°）；

L_2——抱杆插入已组塔段的垂直高度，m。

比较式（3-40）与式（3-41）可以看出，S_1 大于 S_2，即抱杆的起吊构件侧两根承托绳比抱杆另一侧两根承托绳受力大，故统一取 S_1 作为选择承托绳的依据。

单根承托绳的受力为

$$S = \frac{K_2 S_1}{2\cos\eta} \tag{3-43}$$

其中

$$\eta = \arctan \frac{B}{2\sqrt{\left(\dfrac{B}{2}\right)^2 + L_2^2}} \tag{3-44}$$

式中　S——每条承托绳承担的静张力，kN；

K_2——不平衡系数，选用 1.5；

η——承托绳与承托绳合力线间的夹角，（°）。

项目四

施工准备

≫【项目描述】

本项目包含内悬浮（内拉线）抱杆组立铁塔的铁塔施工组织准备等内容。通过任务描述、经验总结和图解示意等，了解内悬浮（内拉线）抱杆组立铁塔施工要点，掌握施工准备具体步骤等内容。

任务一　人员组织准备

≫【任务描述】

本任务主要讲解内悬浮（内拉线）抱杆组立铁塔前的人员组织措施等内容。通过经验总结和规范内容介绍等，了解人员组织措施要点，熟悉施工人员配置等内容。

≫【知识要点】

组立按照本工程的组塔进度计划安排，应计划好进场施工班组数量，每个班组人员包括班长兼指挥、组塔作业副班长、技术兼质检、安全监护人、组塔塔上指挥工、组塔高空作业工、拉线控制、控制绳控制、组塔绞磨操作工、高空作业、地面组装、移运等，见表 4-1。

表 4-1　　　　　　　　　　施工人员配置表

序号	岗位	人数		职责
		技工	普工	
1	班长兼指挥	1	—	现场施工人员组织协调、填写作业票、全面组织指挥现场组塔作业
2	组塔作业副班长	1	—	协助班长对组塔作业进行安全质量管理
3	技术兼质检	1	—	对现场作业技术要求、标准工艺、质量标准进行管控，并开展施工质量自检
4	安全监护人	1	—	识别现场安全作业条件、抓实现场安全风险管控

序号	岗位	人数		职责
		技工	普工	
5	组塔塔上指挥工	1	—	监督高空作业人员安全防护设施规范使用、组塔质量标准进行管控
6	组塔高空作业工	若干	—	正确使用高空安全防护设施，听从指挥，严格按照质量标准进行安装作业
7	单侧控制绳控制	1	1～2	负责控制绳调整及锚固、监视工作；负责调整吊件与塔身的距离
8	组塔绞磨操作工	1	1～2	负责牵引系统操作、维护及保养工作
9	地面组装、移运	1	若干	负责对料组装、塔件移动运输工作

》【技能要领】

一、人员组织结构图（见图 4-1）

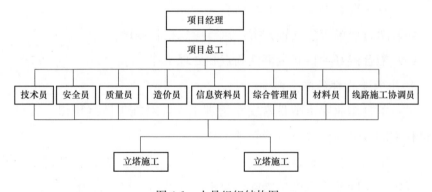

图 4-1　人员组织结构图

二、人员职责

1. 作业层班组岗位职责

班组各岗位人员应严格履行所在岗位职责。班组作为最基层执行单元，要将作业票、交底、站班会、质量验收等基础管理要求落实到位，开展标准化作业。

2. 作业层班组职责

(1) 负责工程项目具体作业的安全管理工作，按规定配备班组安全员，履行施工合同及安全协议中承诺的安全责任。

(2) 依据公司有关规定，落实安全管理工作机制，建立班组安全管理台账。

(3) 组织开展班组安全教育培训，负责落实站班会机制。

(4) 负责组织工程项目具体作业的安全文明施工，确保满足现场安全文明施工需要；落实避免水土流失措施、施工垃圾堆放与处理措施、"三废"（废弃物、废水、废气）处理措施、降噪措施等，使之符合国家、地方政府有关职业卫生和环境保护的规定。

(5) 负责依权限办理施工作业票、工作票（如需要），落实风险预控措施要求。

(6) 负责对班组使用的劳务分包作业进行组织、指挥、监护。

(7) 及时准确上报项目安全信息。

(8) 执行现场应急处置方案，执行应急报告制度。

(9) 配合做好项目安全事件调查和处理工作。

3. 班长兼指挥的安全职责

(1) 负责作业层班组日常安全管理工作，对施工队（班组）人员在施工过程中的安全与健康负直接管理责任。

(2) 组织作业层班组人员进行安全学习，执行上级有关基建安全的规程、规定、制度及安全施工措施，纠正并查处违章违纪行为。

(3) 负责新进人员和变换工种人员上岗前的班组级安全教育，审查施工分包队伍及人员进出场工作，检查分包作业现场安全措施落实。

(4) 组织周安全活动，总结布置作业层班组安全工作，并做好安全活动记录。

(5) 组织作业层班组人员开展风险识别，落实风险预控措施，负责分项工程开工前的安全文明施工条件检查确认。

（6）填写施工作业票，全面执行经审批的作业票。

（7）召开站班会，检查作业场所的安全文明施工状况，督促作业层班组人员正确使用安全防护用品和用具。

（8）组织作业层班组人员通过宣读安全施工作业票方式进行作业前安全技术交底，并签字，不得安排未参加交底或未在交底书上签字的人员上岗作业。

（9）配合做好项目安全事件调查，参加安全事件原因分析，落实处理意见，及时改进安全工作。

4. 安全员安全职责

（1）协助作业层班组长组织学习贯彻基建安全工作规程、规定和上级有关安全工作的指示与要求。

（2）协助作业层班组长进行作业层班组安全建设，开展安全活动。

（3）协助作业层班组长开展隐患排查和反违章活动，督促问题整改。

（4）负责施工作业票班组级审核，监督经审批的作业票安全技术措施落实。

（5）审查施工人员进出场健康状态，检查作业现场安全措施落实，监督施工作业层班组开展作业前的安全技术措施交底。

（6）检查作业场所的安全文明施工状况，督促作业层班组人员执行安全施工措施。

（7）协助作业层班组长做好安全活动记录，保管有关安全资料。

5. 技术兼质检员职责

（1）配合组织班组人员进行安全、技术、质量及标准化工艺学习，执行上级有关安全技术的规程、规定、制度及施工措施。

（2）负责本班组技术和质量管理工作，组织本班组落实技术文件及施工方案要求。

（3）参与现场风险复测及单基策划方案编制。接受项目部安全教育培训及安全技术交底，并通过考试。参与施工机具、材料进场安全检查。

（4）协同班长兼指挥填写施工作业票中的技术方案要点，并督促实施。

在站班会上对当天作业进行技术交底。按规定负责施工作业票班组级审查。

（5）参与现场人员入场和每日开工、收工、转序许可检查等现场日管控机制。组织落实本班组人员刚性执行施工方案、安全管控措施。

（6）参与每日站班会，做好"三交三查"（三交指交任务、交安全、交措施；三查指查工作着装、查精神状态、查个人安全用具）。参与班组安全生产例会、安全检查等安全日活动。参与本班组反违章、隐患排查工作，对存在的问题整改闭环。

（7）负责前道工序、施工过程质量检查，对检查出的质量缺陷上报班长兼指挥安排作业人员处理，对质量问题处理结果检查闭环，配合项目部组织二级验收工作。

（8）负责班组一级自检，整理各种施工记录，审查资料的正确性。

（9）参加质量事故调查、分析，提出事故处理初步意见，提出防范事故对策，监督整改措施的落实。

6. 核心作业人员安全职责

（1）自觉遵守本岗位工作相关的安全规程、规定，不违章作业。

（2）正确使用安全防护用品、工器具，并在使用前进行外观完好性检查。

（3）参加作业前的安全技术交底，并在安全施工作业票上签字。

（4）作业前检查工作场所，落实安全防护措施，下班前及时清扫整理作业场所。

（5）施工中发现安全隐患应妥善处理或向上级报告；在发生危及人身安全的紧急情况时，立即停止作业或者在采取必要的应急措施后撤离危险区域。

（6）参加安全活动，积极提出改进安全工作的建议。

（7）发生人身事件时应立即抢救伤者，保护事件现场并及时报告；接受事件调查时应如实反映情况。

7. 一般作业人员安全责任

（1）积极参加入场安全教育和班前"三交"，熟悉作业风险点及预控措施。

（2）服从管理，正确使用安全工器具和个人防护用品开展作业。

任务二 铁塔施工图审查

≫ 【任务描述】

本任务主要讲解铁塔施工图审查等内容。通过经验总结和规范介绍等，了解施工图设计意图，熟悉施工图应审查的内容。

≫ 【知识要点】

为使施工人员充分领会设计意图，熟悉各种铁塔型式的设计内容，正确按图施工，确保铁塔安装质量，避免返工浪费，必须在工程开工前进行图纸审查。

铁塔施工图必须与铁塔明细表、基础施工图、机电安装图、施工图说明书等联系起来进行审查。铁塔施工图审查的主要项目有：①铁塔施工图的数量是否齐全，②铁塔施工图与相关联的设计图是否相一致；③铁塔施工图有无差错。

铁塔施工图数量的检查内容有：①统计整个工程的各种型式的铁塔及基础；查对铁塔施工图能否满足安装要求；②各种类型铁塔施工图的张数是否齐全配套；③检查铁塔施工图中有无套用图纸，套用的加工图与铁塔施工图是否相匹配。

≫ 【技能要领】

一、与铁塔施工图相关联的设计图应审查的内容

（1）建设在山区的送电线路，应检查基坑位置所在地质是否稳定。

（2）检查横担（或地线支架）加工图上的导线、避雷线（简称地线）

挂线孔及跳线悬垂绝缘子串挂线孔与机电安装图上相应的金具是否匹配；金具安装后能否转动灵活且不碰阻。

（3）检查铁塔施工图上的说明与施工说明书有无矛盾。

（4）检查铁塔施工图是首次使用还是重复使用；首次使用的图纸应了解加工有无特殊要求，组立有无困难。

二、对铁塔施工图应审查的内容

（1）核对铁塔图的部件数量与材料表是否一致，总装图材料表与部件图材料表是否一致。

（2）核对铁塔图上说明的技术要求与部件加工图是否一致。

（3）核对各部件间连接部位的尺寸是否正确。特别是横担加工图中的安装与塔身安装位置尺寸必须一致。

（4）核对各俯视图与正视图是否相配合。

（5）核对施工图上的编号与材料表编号是否相统一。

三、现场踏勘

现场踏勘的目的是明确线路工程塔基周围地形（如平地、泥沼、河网等），了解运输道路情况。材料运输特别是大型设备的运输较为困难，应提前进行道路和场地的调查和平整，根据条件采用汽车及人力运输，合理安排各桩号的施工顺序。

任务三　方　案　编　制

≫【任务描述】

本任务主要讲解内悬浮（内拉线）抱杆组立铁塔前的技术准备等内容。通过经验总结和规范介绍等，了解需要准备的技术文件，熟悉方案编制要领等内容。

》【知识要点】

根据已确定的铁塔组立方法，对各种不同铁塔型式进行分解组立的施工计算。在计算的基础上编写铁塔组立施工方案，方案的内容应包括本工程各种铁塔的起吊现场布置、各索具的最大受力值、工器具汇总表、质量要求等。

特殊地形及特高铁塔应编写专项施工方案。

铁塔组立施工方案的内容还应包括组立使用的消耗材料，设计对铁塔组立的特殊要求等。

铁塔组立前，参加立铁塔工序的人员（含技工、临时工及特种工）均应参加技术交底，高空作业人员及其他特殊工种均需持证上岗。

铁塔组立前，必须对基础进行检查验收，校对基础各项尺寸符合图纸设计及验收规范，基础混土抗压强度达到设计强度的 70% 后方准开始分解铁塔组立。

》【技术要领】

一、铁塔组立前应准备的技术文件

铁塔组立工序之前，应准备如下技术文件：

（1）铁塔明细表（设计提供）。

（2）铁塔施工图（设计提供）。

（3）铁塔组立施工方案。

二、工程首基铁塔组织试点

每项工程组立的首基铁塔应组织试点。试点工作应做到：

（1）明确试点目的。检验铁塔组立施工方案是否符合实际，实施有无图难，是否需要做局部修改。

（2）明确参加人员。除直接参与施工的人员外，作业层班组骨干，施工项目部技术负责人必须参加。

（3）试点后应编写试点小结，提出对铁塔组立施工方案的修正及补充意见。

三、塔型汇总

将线路工程可采用内悬浮抱杆组立工艺施工的铁塔进行汇总，并按分段情况选择合适的吊装方式，填入塔型统计一览表（附表 1）和铁塔分段组合表（附表 2）。

四、螺栓穿向和脚钉安装规定

1. 螺栓穿向

（1）对立体结构：

1）水平方向由内向外；

2）垂直方向由下向上；

3）内侧悬空的斜平面由下向上，外侧悬空的斜平面由内向外，不便时应在同一斜面内取统一方向。

（2）对平面结构：

1）顺线路方向由小号向大号；

2）横线路方向两侧由内向外，中间由左向右（面向大号）；

3）垂直地面方向由下向上；

4）横线路方向呈倾斜平面时，斜方向螺栓穿向保持由下向上的原则。

2. 脚钉安装

（1）铁塔脚钉采用 45°弯钩防滑型，安装时防滑纹及弯钩统一向上。每副脚钉配两只平垫片和一只弹簧垫片，弹簧垫片安装在后部（紧固侧），脚钉安装间距 400mm。

（2）脚钉代用螺栓的，其强度按对应的螺栓强度来控制，防盗区的脚钉采用防盗型。

（3）脚钉一般安装在 D 腿（见图 4-2），运行单位或设计部门对脚钉安装、螺栓穿向有特殊要求时，按其特殊要求执行。

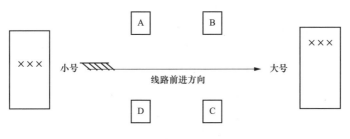

图 4-2　塔腿编号示意图

任务四　施 工 工 艺 流 程

≫【任务描述】

本任务主要讲解内悬浮内拉线抱杆分解组立铁塔施工工艺流程等内容。通过经验总结、规范介绍和图解示意等，了解内悬浮内拉线抱杆分解组立铁塔施工技术要点，熟悉内悬浮内拉线抱杆分解组立铁塔施工工艺流程。

≫【知识要点】

内悬浮内拉线抱杆分解组塔，是将四根拉线绑在铁塔主材节点的下方，同时用承托绳将抱杆托住，呈悬浮状态。

≫【技能要领】

一、内悬浮内拉线抱杆分解组塔特点

（1）不受塔位地形影响，减少埋设拉线地锚的工作量。

（2）悬浮抱杆根据荷重允许在顶端装设两组朝天滑车，可进行双面起吊，以提高工作效率。由于双面起吊对现场工器具数量与施工人员技术要求较高，故常见施工多为单面起吊。

（3）悬浮抱杆为分段式结构杆段，便于运输。

（4）塔片、横担就位方便。

二、施工工艺流程

内悬浮内拉线抱杆分解组立铁塔施工工艺流程见图 4-3。

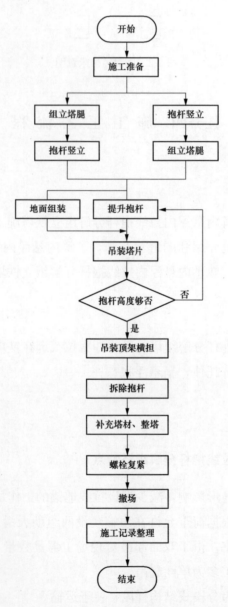

图 4-3　内悬浮内拉线抱杆分解组立铁塔施工流程图

任务五 现 场 布 置

》【任务描述】

本任务主要讲解内悬浮内拉线抱杆分解组立铁塔施工现场布置等内容。通过经验总结、规范介绍和图解示意等，了解内悬浮抱杆的布置，熟悉工器具及设备的布置等内容。

》【知识要点】

内悬浮内拉线抱杆分解组塔示意图见图 4-4。

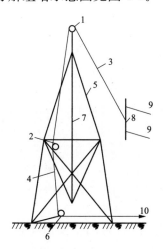

图 4-4　内悬浮内拉线抱杆分解组塔单面起吊示意图

1—朝天滑车；2—腰滑车；3—起吊钢绳；4—承托钢绳；

5—内拉线；6—地滑车；7—抱杆；8—起吊构件；9—控制绳；10—至牵引设备

》【技能要领】

一、抱杆拉线的布置

抱杆拉线由四根钢丝绳及相应索具组成。拉线的上端通过卸扣固定于抱杆帽，下端用索卡或卸扣分别固定于已组塔段四根主材的上端节点下方。

拉线与塔身的连接点应选在分段接头处的水平材附近，或颈部 K 节点（指酒杯型铁塔）的连接板附近。

二、承托系统的布置

抱杆的承托系统由承托钢丝绳、平衡滑车和双钩等组成。承托系统布置示意图如图 4-5 所示。

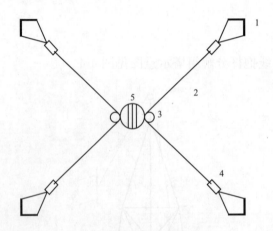

图 4-5　承托系统布置示意图

1—塔段主材；2—承托钢绳；3—平衡滑车；4—双钩；5—抱杆座

承托绳由两条钢丝绳穿过各自的平衡滑车，平衡滑车方向应与准备起吊塔片方向一致，其端头直接缠绕在已组塔段主材的节点上方，用卸扣锁定，也可以通过专用夹具固定于铁塔主材上。承托绳在已组塔段上的绑扎点应选择在铁塔水平材节点处，或者颈部的 K 节点附近。

为了保持抱杆根部处于铁塔结构中心，应尽可能使两分支承托绳及双钩的长度相等。

三、起吊绳的布置

单片组塔时，起吊绳是由被吊构件经朝天滑车、腰滑车、地滑车引到机动绞磨间的钢丝绳，见图 4-6。

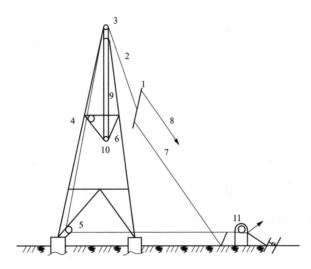

图 4-6　单片组塔法现场布置图

1—被吊塔片；2—起吊绳；3—朝天滑车；4—腰滑车；

5—地滑车；6—承托绳；7—攀根绳；8—控制绳；9—抱杆；10—底滑车；11—绞磨

组塔时起吊绳规格可根据起吊荷载不同与通过朝天滑轮与动滑轮组成的不同进行相应选择，施工过程中应尽量选择相应的滑轮组以减少相应导向、牵引锚桩的受力。

四、牵引设备的布置

内拉线抱杆组塔时，牵引设备应选择合适的机动绞磨。绞磨应尽可能顺线路或横线路方向设置，在起吊构件过程中，以确保绞磨操作手能观测到起吊构件、现场指挥视线为佳。绞磨距塔位的距离应不小于 0.5 倍塔高，但不小于 40m，如不满足要求，需制定相应措施。

五、控制绳的布置

绑扎在被吊塔片下端的绳为控制绳，其作用是控制被吊塔片不与已组塔段相碰。控制绳受力的大小对抱杆拉线系统及承托系统的受力有直接影响；而控制绳与地面夹角的大小直接影响着自身的受力，一般要求夹角不大于45°。

控制绳规格应根据计算确定，一般经验是：被吊构件质量小于500kg，且控制绳对地夹角小于30°，可选用棕绳，规格应不小于ϕ18；被吊构件大于500kg或由于地形限制，控制绳对地夹角大于30°时，应选用钢丝绳。

当构件组装后的根开小于2m时，控制绳一般用一条，用V形钢丝绳套与被吊塔片相连接，且控制绳必须连在V形套的顶点处；当构件的根开大于2m时，应使用2条控制绳，且按八字形布置。

六、腰滑车和地滑车的布置

1. 腰滑车的布置

腰滑车是为了减少抱杆轴向压力及避免牵引绳与塔段或抱杆相碰所设置的一种导向滑车。腰滑车应布置在起吊构件对侧已组塔段上端水平铁中心位置并使用两根钢丝绳套固定在相邻两根主材上上端接头处。固定腰滑车的钢丝绳套越短越好，以增大牵引绳与抱杆轴线间的夹角，从而减小抱杆起吊反向拉线受力。

2. 地滑车的布置

地滑车也称底滑车，用于将通过铁塔内部的牵引绳引向塔外，直至绞磨。地滑车一般固定在靠近地面的塔腿主材上，钢丝套绑扎前应用麻袋垫衬。

七、腰环的布置

内拉线抱杆提升过程中，采用上下两副腰环以稳定抱杆，使抱杆始终保持垂直状态。上下两副腰环间的垂直距离，一般应保持在抱杆1/3高度以上，应根据抱杆实际长度选择，抱杆越长，垂直距离也应增大。上腰环应布置在已组塔段的最上端，下腰环应布置在抱杆提升后的下部位置，应用钢丝绳固定在已组塔段的四根主材节点上方处并适当收紧。塔件起吊过程中腰环需保持松弛状态。

任务六　材料准备及机具准备

》【任务描述】

本任务主要讲解内悬浮（内拉线）抱杆组立铁塔前的材料和机具准备等内容。通过经验总结和规范介绍等，了解铁塔准备要点，熟悉工器具试验标准等内容。

》【知识要点】

组立铁塔前必须根据施工计划对运到现场前的塔材与加工单位对接运输计划，并提前设置材料站，按计划将塔材运输至材料站并按施工计划顺序堆放、排列。对于组立铁塔的螺栓、垫圈、脚钉应进行数量清点和质量检验，质量不合格者不得使用。不同强度、不同等级的螺栓应分别堆放。

根据确定的铁塔施工方法编制机具配置计划，清查施工队现有的工器具，确定施工项目部材料站存放空间是否足够。工器具运送现场前必须进行检查、维修，确保检测合格的工器具进入现场，并具检测标识。

设立安全保护用具（包括安全带、安全帽等）存放区：

（1）安全保护用具入库前都应进行外观检查，有裂缝、腐烂、损伤等缺陷者严禁入库。

（2）凡无生产厂家、许可证编号、生产日期以及国家鉴定合格证书的安全保护用具，严禁入库。

（3）安全保护用具应定期检查试验。

》【技能要领】

一、主要起重工器具试验标准

起重用的工器具应按安全规程规定进行定期试验，试验标准见表4-2。

表 4-2   主要起重工器具试验标准

名称	额定荷载的倍率	持荷时间（min）	试验周期
抱杆	1.25	10	
滑车、绞磨、卷扬机	≥1.25	10	
卡线器、双钩、链条葫芦	1.25	10	
钢丝绳	2.00	10	每年一次
牵引机、张力机及放紧线机具	1.25	10	
其他	≥1.25	10	

二、安全工器具的试验标准

安全工器具应按安全规程规定进行定期试验，试验标准见表 4-3。

表 4-3   主要安全工器具试验标准

名称	安全性能试验静拉力	持荷时间（min）	试验周期
安全帽	冲击力不小于 4900N 泄漏电流不超过 1.2mA	10	每年一次
安全带	2205N	—	抽检

项目五

组织施工

◎【项目描述】

本项目包含内悬浮（内拉线）抱杆组立铁塔的施工准备等内容。通过经验总结、规范介绍和图解示意等，了解准备工作内容，掌握现场施工过程等内容。

任务一　准 备 工 作

施工准备

◎【任务描述】

本任务主要讲解内悬浮（内拉线）抱杆组立铁塔的准备工作等内容。通过经验总结和规范介绍等，了解组塔施工前的准备工作，熟悉铁塔构件清点的步骤等内容。

◎【知识要点】

铁塔地面组装前必须清点运至桩位的构件及螺栓、脚钉、垫片等数量是否齐全，质量是否符合要求。

◎【技能要领】

一、铁塔构件的清点

（1）清点构件数量。核查实物与材料清单、铁塔施工图是否相符。做好缺料、余料的填表登记，并及时报告队长（或班长）。清点构件的同时，应逐段按编号顺序排好。

（2）清点构件时应了解设计变更及材料代用引起的构件规格及数量的变化。

（3）构件应镀锌完好。如因运输造成局部锌层磨损时，应补刷防锈漆，其表面再涂刷银粉漆。涂刷前，应将磨损处清洗干净并保持干燥。

（4）检查构件的弯曲度。角钢的弯曲不应超过相应长度的 2‰，且最大弯曲变形量不应超过 5mm。若变形超过上述允许范围而未超过表 5-1 的变形限度时，容许采用冷矫法进行矫正，矫正后严禁出现裂纹。

表 5-1　　　　　　　　　采用冷矫法的角钢变形限度

角钢宽度（mm）	变形限度（‰）	角钢宽度（mm）	变形限度（‰）
40	35	90	15
45	31	100	14
50	28	110	12.7
56	25	125	11
63	22	140	10
70	20	160	9
75	19	180	8
80	17	200	7

（5）构件清点负责人的职责：

1）熟悉铁塔明细表及铁塔施工图，熟悉拟采用的地面组装方法和组立方法；

2）负责向施工班组成员交待塔材搬运安全注意事项；

3）负责按要求清点塔材，及时填写缺料和余料登记表并及时向班长报告塔料清点情况。

二、铁塔地面组装前的准备工作

（1）送到桩位的塔料经过清点，确认符合组装要求。

（2）参加地面组装的施工人员均应经组塔工序的技术交底并考试合格，由现场施工负责人交待安全施工注意事项及现场操作基本知识。

（3）根据现场地形及设备条件确定地面组装方法及铁塔组立方法。地面组装方法主要有两种：①以汽车吊车为主的机械吊装方法；②以人力为主，用小木抱杆或三脚架配合吊装。

（4）根据确立的地面组装方法选择配套合适的工器具。各类工器具使用前均应认真检查，不合格者不得使用。

（5）导线横担、地线横担的方位必须符合设计图要求。对线路转角塔横担两端有长短区分者，一般情况是长段在外角侧，短段在内角侧；地线横担相反，长的在内角侧，短的在外角侧。

任务二　塔　腿　组　立

塔腿组立

≫【任务描述】

本任务主要讲解内悬浮内拉线抱杆分解组立铁塔施工塔腿组立等内容。通过经验总结、规范介绍和图解示意等，了解分件组立塔腿和半边塔腿整体组立方法，掌握塔腿组立技术要领等内容。

≫【知识要点】

地脚螺栓式基础的铁塔，一般是将铁塔塔腿组立好，以便固定抱杆，再进行塔片吊装作业。

塔腿组立方法有分件组立和半边塔腿整体吊装两种。分件组立法是先立主材而后逐一装辅材的方法。该法适用于塔腿较重、根开较大的铁塔，适用于山区地形。半边塔腿整体吊装即先将塔腿部位主材和辅材在地面拼接好，而后整体吊装的方法。该法适用于塔腿较轻、根开较小的铁塔，适用于地形平坦的桩位。现场施工可根据塔型特点及地形条件选择确定。

≫【技术要领】

一、分件组立塔腿

先将铁塔底座置放在基础上，拧紧地脚螺母。然后将塔腿主材下端与底座立板连上一个螺栓，利用此螺栓作为起立塔腿主材的支点。

当组立塔腿的主材长度在 8m 以下且质量在 300kg 以内时，可以用叉杆将主材立起，将主材与底座板相连的螺栓全部装上；当组立的塔腿主材长度大于 8m 且质量超过 300kg 时，应利用小人字木抱杆按整立电杆的方法将主材立起，布置如图 5-1 所示。

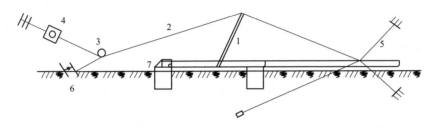

图 5-1　人字抱杆组立塔腿主材布置示意图

1—人字抱杆；2—牵引绳；3—地滑车；4—机动绞磨；5—临时拉线；6—角铁桩；7—铁塔底座

人字抱杆组立塔腿主材的操作步骤如下：

（1）将铁塔下部 2～3 段主材单根相连接，但总长度不宜超过 15m，质量不宜超过 500kg。主材上的联板应装上，相应的斜材及水平材用一个螺栓挂上。

（2）将主材根部用一个螺栓连在塔脚底座立板上，作为起立塔腿主材的支点。

（3）按图 5-1 做好现场布置后，启动绞磨，起立主材，直至主材根部与塔座立板的连接螺栓全部装上为止。

（4）用临时拉线（3 或 4 条 ϕ18 白棕绳）将塔腿主材固定后拆除起吊索具。其余三根主材同法起立或者利用已立主材起立。

塔腿四根主材立好后，自下而上组装侧面斜材及水平材，并将螺栓紧固。应留一个侧面的斜材暂不装，待内拉线抱杆立起后再补装。

二、半边塔腿整体吊装

一般情况，先整体起立抱杆（抱杆起立方法见任务三），再利用抱杆进行吊装。先将塔腿主材、水平铁、八字铁按两个侧面组成整体成片吊装，如图 5-2 所示，然后单独起吊水平铁及八字铁组片吊装，如图 5-3 所示。

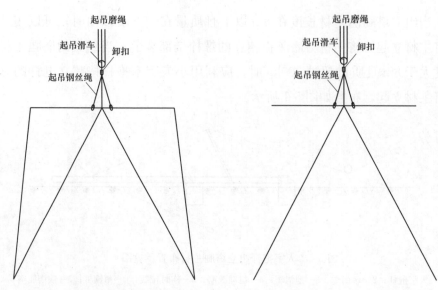

图 5-2　半边塔腿整体组片吊装　　　　图 5-3　平台水平铁及八字铁组片吊装

对于双肢主材，若双肢主材超重，吊装时主材应内外肢分开吊装。先吊装内肢主材，连接双肢主材的联板带在内肢主材上，以方便外肢主材拼装。待四条腿的内肢主材全部吊装完成后，开始搭设平台。平台搭设完成后，再吊装每条腿的外肢主材，逐腿完成双肢主材的拼接，如图 5-4 所示。

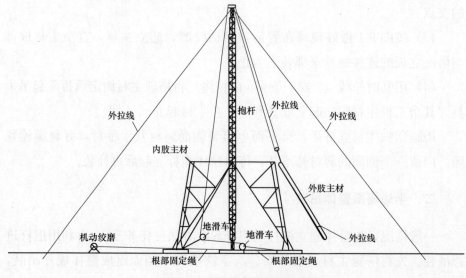

图 5-4　双肢主材拼接示意图

起立抱杆

任务三 起 立 抱 杆

》【任务描述】

本任务主要讲解内悬浮内拉线抱杆分解组立铁塔施工起立抱杆等内容。通过经验总结、规范介绍和图解示意等，熟悉起立抱杆具体步骤，掌握起立抱杆的技术要领等内容。

》【知识要点】

一、抱杆主要技术参数

（1）抱杆倾角：≤5°。

（2）起吊钢丝绳与抱杆轴线夹角：≤20°。

（3）内拉线合力线与抱杆轴线夹角：≥13°。

（4）控制绳对地面夹角：≤45°。

（5）承托绳与抱杆轴线的夹角：≤45°。

（6）抱杆的最大提升高度不得大于抱杆全长的 2/3。

二、抱杆起立方法

起立抱杆之前，应将运到现场的各段抱杆按顺序组合并进行调整，使其成为一个完整而正直的整体，接头螺栓应拧紧。将朝天滑车及抱杆临时拉线与抱杆帽连接，将起吊钢绳穿入朝天滑车。

抱杆起立时，其根部应用道木做好防沉措施（人字抱杆根部也要做防沉措施），并用钢丝套将根部锚固在锚桩上。当地形沉降依靠枕木无法做到防沉措施时，应采用钢丝绳套、地锚抬吊法（与承托作用相同）。

常用起立抱杆方法有倒落式人字抱杆整立法和利用铁塔平台扳立法两种，可根据设备及地形条件选用。

≫【技能要领】

一、人字抱杆整立抱杆

倒落式人字抱杆整立内拉线抱杆设备简单，起立过程平稳可靠。由于是整体组立，减少了高空作业的难度，其优点是可利用不太高的抱杆吊起 2 倍以上抱杆高度的整立内悬浮抱杆，并且主要操作岗位远在倒杆距离以外，起吊比较安全，是目前送变电施工中内悬浮抱杆起立的一种常用施工方法。

倒落式抱杆的整立内悬浮抱杆，就是利用抱杆的高度增高牵引支点，抱杆随着内悬浮抱杆的起立不断绕着地面的某一支点转动，直到内悬浮抱杆头部升高到抱杆失效、脱帽，再由牵引绳直接将内悬浮抱杆拉直调正，完成内悬浮抱杆的起立任务。

倒落式人字抱杆脱帽时应注意设专人负责脱帽绳，将抱杆缓缓降落，防止抱杆突然落下伤人，拆除人字抱杆，固定好四侧拉线，然后利用拉线将抱杆调直，并将拉线利用马鞍螺栓固定。作业现场如图 5-5 所示。

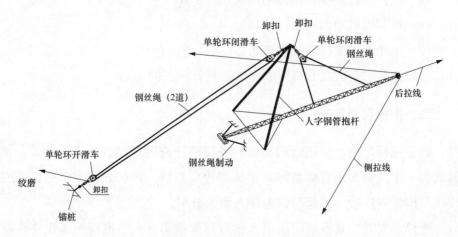

图 5-5　倒落式人字抱杆整立内拉线抱杆示意图

二、利用铁塔平台扳立抱杆

利用铁塔平台扳立抱杆方法常用于塔形较小，重量较轻的线路施工，现场布置如图 5-6 所示，该法是以塔腿代替小人字木抱杆。

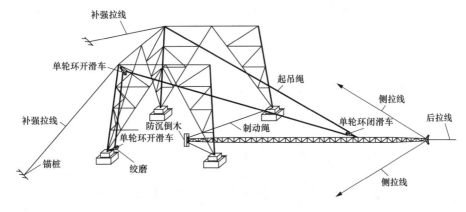

图 5-6 利用铁塔平台扳立抱杆的现场布置示意图

当抱杆立至 80°时，停止牵引，在塔腿上方收紧抱杆前方拉线，达到抱杆立正的目的。同时将抱杆拉线固定于塔腿主材上。

任务四 提 升 抱 杆

提升抱杆

≫【任务描述】

本任务主要讲解内悬浮内拉线抱杆分解组立铁塔施工抱杆提升等内容。通过经验总结、规范介绍和图解示意等，熟悉提升抱杆具体步骤，掌握提升抱杆的技能要领等内容。

≫【知识要点】

提升抱杆必须使用两道腰箍，腰箍间距应控制在抱杆高的 1/3。抱杆应布置在铁塔中心，提升时绞磨应缓慢、平稳转动，并随时观察抱杆垂直情况，将上拉线徐徐松出来调整抱杆趋于直立状态。抱杆提升到位后先绑定内拉线，再收紧承托双钩，调整抱杆呈垂直状态，然后松弛腰箍即可进行吊装作业，起吊过程中腰环不得受力。内拉线的上端锁于抱杆的拉孔上，下端绑扎在主材节点下方。承托绳打设在塔身节点上方，严禁打设在塔段小水平材上。

提升抱杆需准备一套抱杆提升系统，现场布置如图5-7所示。

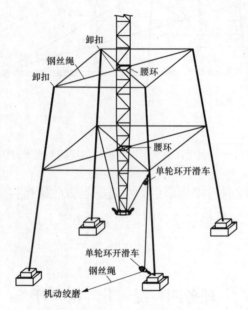

图5-7　抱杆提升现场布置示意图

》【技能要领】

将提升抱杆的钢丝绳的一端绑扎在已组塔段上端的主材节点处，通过抱杆的朝地滑车，再通过起吊滑车引至地滑车直至绞磨。

提升抱杆前，绑好上腰环及下腰环，使抱杆竖立在铁塔结构中心位置。将四条拉线由原绑扎点松开，移到新的绑扎位置上予以固定。拉线应固定在已组塔段四根主材最上端的节点处，各拉线固定方式应相同，拉线呈松弛状态。

启动绞磨，收紧提升钢丝绳，使抱杆提升约1m后，将抱杆的承托绳由塔身上解开。继续启动绞磨，使抱杆逐步升高至四条拉线张紧为止。将两条承托绳串联双钩后固定于已组塔段主材节点处，收紧承托绳使受力一致。

调整抱杆拉线，使抱杆顶向被吊构件侧略有倾斜，松出上、下腰环及提升抱杆的工具，做好起吊塔片的准备。

抱杆的倾斜度应尽量使抱杆顶的铅垂线接近于塔片就位点，但抱杆倾斜不应大于 5°，其最大容许倾斜值见表 5-2。

表 5-2   抱杆容许倾斜的水平距离   m

抱杆高度	8	10	13	15	18	21	24
抱杆倾斜的水平距离	0.7	0.87	1.13	1.31	1.57	1.83	2.09

抱杆伸出高度与各部位关系如表 5-3 所示。

表 5-3   抱杆伸出高度与各部位关系

抱杆向上伸出越长	构件就位越简单
上方拉线角度变小	起吊构件重量减小
下方绳托系统角度变大	抱杆稳定性降低

任务五　构件的绑扎

构件的绑扎

【任务描述】

本任务主要讲解内悬浮内拉线抱杆分解组立铁塔施工构件的绑扎等内容。通过经验总结、规范介绍和图解示意等，熟悉构件的补强措施，掌握构件绑扎具体步骤等内容。

【知识要点】

构件起吊前，吊点绳、攀根绳必须按施工设计规定位置进行绑扎。

【技能要领】

一、吊点绳的绑扎

吊点绳是由两条等长的钢丝绳分别捆绑在塔片的两根主材的对称节点处，

合拢后构成 V 字形吊点绳，在 V 形绳套的顶点穿一只卸扣与起吊绳相连接。

吊点绳在构件上的绑扎位置必须位于构件的重心以上，绑扎后的吊点绳中点或其合力线应位于构件的中心线上，以保持构件平稳提升。

吊点绳呈等腰三角形，其顶点高度应不小于塔身宽度的 1/2，两吊点绳间夹角 α 宜在 60°～120°之间，如图 5-8 所示。当被吊构件重力分别为 5、10、15、20kN 时，不同夹角 α 状态下的吊点绳受力值见表 5-4。吊点绑扎处应垫方木并包缠麻袋，以防塔材变形或割断钢绳。

表 5-4 不同夹角 α 下的吊点绳受力 kN

被吊构件重力（kN）		5	10	15	20
吊点绳夹角 α（°）	60	2.89	5.77	8.66	11.55
	90	3.54	7.07	10.61	14.14
	120	5.00	10.00	15.00	20.00

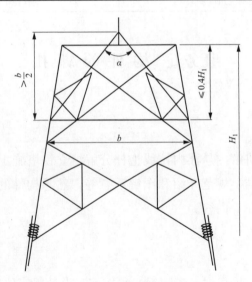

图 5-8 吊点绳绑扎位置示意图

二、构件的补强

吊点处薄弱时，在吊点间加补强木。塔片根部薄弱时，应在塔片底部加补强木，补强圆木梢径应不小于 $\phi100$，长度视构件长度而定。补强木与被吊构件间的绑扎可利用吊点绳缠绕后再用 U 形环连接，也可以用单独的钢丝绳或铁线缠绕固定。

起吊横担绑扎两点如图 5-9（a）所示，适用于横担长度在 10m 以下；起吊横担绑扎四点如图 5-9（b）所示，适用于横担长度在 10m 以上。

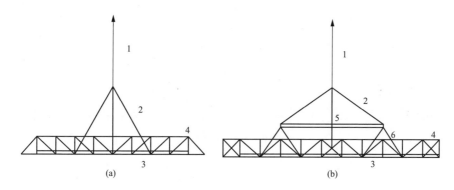

图 5-9　吊点绳绑扎位置示意图

（a）两吊点布置；（b）四吊点布置

1—起吊绳；2—吊点绳；3—补强圆木；4—横担；5—横梁；6—分吊点绳

三、控制绳的绑扎

控制绳应绑扎在构件上端与起吊点对应的两根主材对称节点处。当塔片宽度小于 2m 时，相似于吊点绳的绑扎即 V 字形绳，地面由一条绳操作；当构件宽度大于 2m 时，则由两条绳分别操作；呈八字形布置。对于横担吊装，为了安装方便，绑扎吊点绳时应选择合适的位置使横担保持水平状态。

任务六　构 件 的 吊 装

构件的吊装

>> 【任务描述】

本任务主要讲解内悬浮内拉线抱杆分解组立铁塔施工构件的吊装等内容。通过经验总结、规范介绍和图解示意等，了解构件吊装前的准备工作，熟悉构件吊装的注意事项，掌握不同塔型构件吊装方法等内容。

【知识要点】

（1）对于已组塔段上端接头处无水平材的，应安装临时水平材，但不应妨碍塔段的连接。

（2）已组塔段的各种辅材必须安装齐全，且螺栓应拧紧。

（3）当牵引绳可能与水平材相碰时，塔片上端水平材处绑一根补强圆木，以避免牵引绳与塔材相摩擦，如图 5-10 所示。

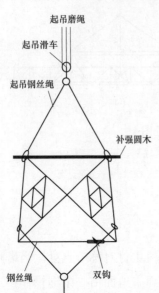

起吊磨绳

起吊滑车

起吊钢丝绳

补强圆木

钢丝绳　　双钩

图 5-10　补强圆木安装示意图

（4）如果待吊塔片的大斜材下端无法与主材连成一体时，应在主材下端各绑一根木杠或圆木接长主材，并将大斜材与木杠绑扎成一体，可以防止起吊伊始状态下大斜材着地受弯变形。塔片离地后拆除补强木杠或圆木。

【技能要领】

一、构件吊装过程中的操作

（1）构件开始起吊，控制绳应略收紧；构件着地的一端应设专人看护，以防塔材被挂。起吊过程中，在保证构件不碰已组塔段的前提下，尽量松出控制绳以减少各部索具受力。

（2）构件离地面后，应暂停起吊，进行一次全面检查。检查内容包括：牵引设备的运转是否正常，各绑扎处是否牢固，各处的锚桩是否牢固，各处的滑轮是否转动灵活，已组塔段受力后有无变形等。检查无异常，方可继续起吊。

（3）构件起吊过程中，塔上人员应密切监视构件起吊情况严防构件挂住塔身。构件下端提升超过已组塔段上端时，应暂停牵引，由塔上作业负责人指挥慢慢松出控制绳，使构件主材对准已组塔段主材时，再慢慢松出牵引绳，直至就位。

（4）塔上作业人员固定主材时，先穿尖扳手，再连螺栓。主材下落时，先到位的主材先就位，后到后就位。两主材就位后，安装并拧紧全部接头螺栓，应先两端后中间。

（5）构件接头螺栓安装完毕，即可松出起吊绳、吊点绳及控制绳等，然后安装斜材及水平材。根据杆塔高度不同，重复该吊装过程，直至杆塔主体吊装完成。

二、地线顶架及横担吊装

1. 耐张塔地线顶架吊装

耐张塔地线顶架采用独立吊装，吊点选四点，交叉绑在地线顶架下平面左右两侧节点上，如图 5-11 所示。

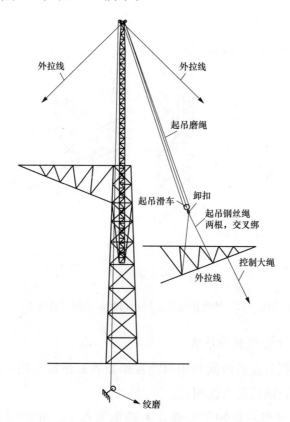

图 5-11　地线顶架吊装示意图（耐张塔）

2. 直线塔地线顶架及上横担吊装

直线塔地线顶架与上横担为一整体，地线顶架与上导线横担整体吊装，如图 5-12 所示。若地线顶架与上导线横担整体重量超重，需分两次起吊。

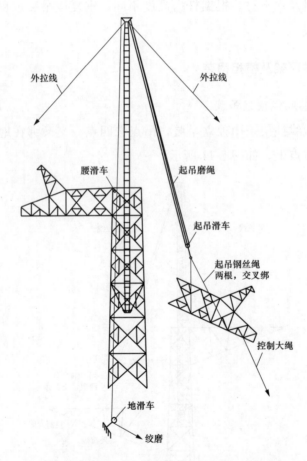

图 5-12　地线顶架及上横担吊装示意图（直线塔）

3. 耐张塔上导线横担吊装

上导线横担分左右两侧利用地线顶架布置起吊滑车组，用抱杆补强顶架，整体吊装，横担吊点选四点。

起吊绳交叉绑在横担下平面左右两侧节点上，在地线顶架下平面安装一只导向滑车，在下平面的前后主材上绑扎一根钢丝套，钢丝套成 V 形，在钢丝套的 V 形点上安装一只导向滑车，起吊钢丝绳为三道，起尾头锁于起吊滑车上，通过地线顶架下平面的一只导向滑车，经起吊滑车、地线顶架另一只导向滑车、塔腿导向滑车引至绞磨，如图 5-13 所示。

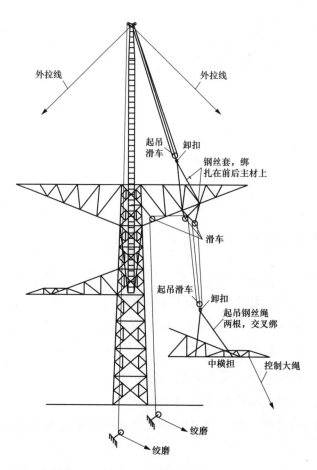

图 5-13　上导线横担吊装示意图（耐张塔）

4. 中、下导线横担吊装

中、下导线横担起吊方式与上导线横担相同，起吊示意图可参考图 5-14 中横担吊装示意图。

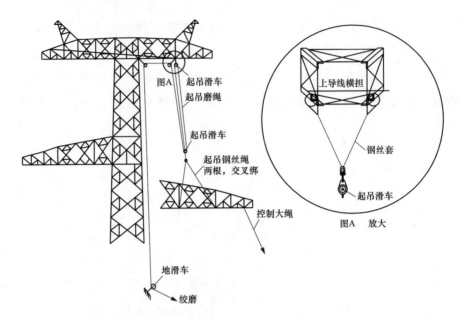

图 5-14　中横担吊装示意图（直线塔）

三、构件吊装注意事项

（1）地面工作人员与塔上作业人员要密切配合，统一指挥。塔上作业人员不宜超过 6 人，且应有专人与地面联系。

（2）主材接头螺栓安装完毕，侧面的必要斜材已安装，构件已基本组成整体，方准登塔拆除起吊绳、攀根绳、控制绳等作业。

（3）控制绳解开后，可将其直接绑在起吊绳的下端，利用控制绳将起吊绳拉至地面与吊装构件的吊点绳相连接。

（4）抱杆提升前必须将铁塔螺栓紧固，抱杆承托绑扎点宜设在大斜拉铁节点上。

（5）抱杆在起吊过程中腰箍必须松弛，抱杆中部严禁受横向力。

（6）抱杆每次使用时，必须仔细检查各种螺栓、滑轮的情况；若发现异常，须及时处理完毕后方可施工。

（7）塔段的正侧面辅材全部组装完毕方准提升抱杆。

（8）根据地形确定起吊方向，塔片应尽量靠近吊点位置组装。若塔片离吊点距离较大时，应用人力撬移塔片。

（9）铁塔组立时若遇受地形限制、邻近带电线路、邻近建筑物等情况，应依据现场实际情况制定施工方法。如：邻近带电线路组塔事先向设备主人申请停用重合闸系统，再搭设保护架施工并设专人监护。

任务七　拆　除　抱　杆

拆除抱杆

》【任务描述】

本任务主要讲解内悬浮内拉线抱杆分解组立铁塔施工抱杆拆除等内容。通过经验总结、规范介绍和图解示意等，了解抱杆拆除的现场布置，熟悉抱杆拆除操作顺序等内容。

》【知识要点】

铁塔吊装完毕后，即可拆除抱杆。对于酒杯塔或猫头塔，通常利用横担中点作起吊滑车悬挂点拆除抱杆；对于上字型或干字型塔，通常利用塔头顶端作悬挂点拆除抱杆。悬挂点应选在铁塔主材的节点处，且节点处的螺栓应全部拧紧。

抱杆拆除采用拎吊法，绑扎点严禁设在羊角联板杆上。在铁塔顶部挂一只滑车，塔身吊点绑在主材节点处，并垫衬道木和麻袋布，将抱杆自塔身内松至地面。

必须待抱杆根部落地平稳，并将绞磨钢丝绳锚固后，操作人员方可上抱杆拆除待拆卸段抱杆的连接螺栓。拆卸前，必须用钢丝套将被拆段与上段连接在一起做保险，防止螺栓拆除后抱杆突然倒落；拆除螺栓时，必须将拆除螺母的螺栓由上向下重新穿入抱杆连接点，并保证每个角上不少于2个倒穿螺栓。

拆除抱杆的现场布置如图 5-15 所示。

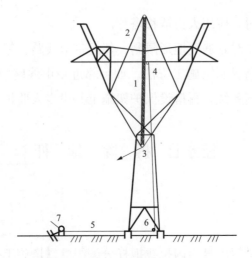

图 5-15　拆除抱杆现场布置图

1—抱杆；2—抱杆拉线；3—承托钢绳；4—起吊滑车；5—牵引钢绳；6—地滑车；7—绞磨

≫【技能要领】

如图 6-15 所示，在横担中部节点处绑一只单轮滑车 4。在抱杆上部离抱杆顶约 1/4～1/5 的位置绑扎起吊绳，穿过滑车 4 及地滑车 6，引至机动绞磨。抱杆根部绑一条 φ18mm 棕绳，在塔身适当位置引出塔身外后拉至地面。

拆除抱杆的操作顺序是：收紧起吊绳使承托系统呈松弛状态，拆除承托绳；控制好拉线，松出牵引绳使抱杆头部徐徐下降至与塔顶相同高度，停止绞磨，在铁塔上端部系上拎吊钢丝绳，并使拎吊钢丝绳绞磨受力，同时将抱杆起吊钢丝绳和上拉线松出并拆除，利用拎吊法缓缓将抱杆放下，过程中做到不与塔身刮擦，直至抱杆根部落地；拉紧抱杆根部棕绳，将抱杆引出塔身之外。

项目六

铁塔组立的
安全措施

》【项目描述】

本项目包含内悬浮抱杆组塔过程中的安全措施等内容。通过概念描述、术语说明等，了解铁塔组立施工过程中通用的安全措施，掌握内拉线抱杆分解组塔安全措施。

任务一　通用的安全措施

》【任务描述】

本任务主要讲解内悬浮内拉线抱杆分解组立铁塔施工通用的安全措施等内容。通过概念描述、术语说明等，掌握通用安全措施等内容。

》【技能要领】

（1）参加组塔人员必须做到"三熟悉"，即熟悉铁塔施工图，熟悉立塔方法，熟悉安全措施。

（2）立塔指挥人应掌握抱杆、各部绳索的受力情况，起吊重量不得超出施工设计的规定。

（3）各部位的工具应按施工设计要求进行布置；各绳索的穿向应正确，连接应可靠，安全监督人在吊塔前应做一次全面检查。

（4）固定绞磨的锚桩必须牢固。

（5）被吊构件应绑扎牢固。如果钢绳与角钢直接绑扎时，应在角钢内侧垫方木外侧缠绕麻带，防止割断钢丝绳。

（6）在带电体附近高空作业时，距带电体的最小安全距离必须满足表 6-1 的规定。

表 6-1 距带电体最小安全距离

项目 带电体电压等级（kV）	10	35	110	220	330	500
工具、构件、导地线等与带电体的距离（m）	2.0	3.5	4.0	5.0	6.0	7.0
工作人员的活动范围与带电体的距离（m）	1.7	2.0	2.5	4.0	5.0	6.0

（7）离地面 2m 以上的工作均属高处作业。高处作业应遵守安全规程有关规定。

（8）绞磨应安置在地势平坦的位置，所在地面应平整，距离铁塔基础应不小于 0.5 倍塔高，但不小于 40m，如不满足要求，需制定相应措施。机动绞磨的操作手必须经培训合格后方准操作。

（9）严禁将辅助材浮放在塔上，以免误抓误踩酿成事故。

（10）在起吊过程中，严禁将手脚伸进吊件的空隙内或在吊件上作业。

（11）塔上作业应尽量和地面组装作业交叉进行。如必须同时进行时，在构件起吊过程中地面作业应暂停，防止发生高空物体坠落伤人。

（12）塔腿组立后，应及时将铁塔接地装置与塔腿连接，避免雷害事故。

（13）进入立塔现场的人员必须戴安全帽。组塔过程中，严禁非工作人员在塔高范围内参观逗留，工作人员不应在吊起的构件下方穿越。

任务二　内拉线抱杆分解组塔安全措施

➤【任务描述】

本任务主要讲解内拉线抱杆分解组塔安全措施等内容。通过概念描述、术语说明等，掌握内拉线抱杆分解组塔安全措施等内容。

➤【知识要点】

（1）塔片吊离地面时应暂停牵引，检查各部位工具受力后有无异常。

（2）铁塔起吊过程中，指挥员应站在起吊方向的侧面，监视被吊塔片与塔身间的距离，一般不小于 0.1m，严防塔片挂住塔身。

（3）提升抱杆时，腰环的拉绳应固定在已组塔段身上，严禁以人力控制拉线系统或腰环拉绳。

（4）提升抱杆时，两腰环间的垂直距离应尽可能大一些，以利抱杆稳定；四条内拉线按预定长度呈松弛状态绑在铁塔四根主材顶端的节点上，作为抱杆防倾倒的后备保护。

（5）在保证被吊塔片能就位的前提下，应将内拉线抱杆插入已组塔段的深度尽可能大一些，但不得小于抱杆高度的 1/3。

（6）内拉线抱杆起吊构件时，腰环拉绳不得受力。抱杆的内拉线、承托绳与主材连接处均应垫麻带和方木。

（7）单侧塔片吊装完毕，其第一道斜撑固定好后，方准登塔解开起吊绳。

（8）起吊构件或提升抱杆时，塔上指挥应协助观看，以防构件挂住塔身。连接主材时，塔上操作人员应站在安全位置，然后再操作。

（9）施工前应对所有参加施工的人员进行安全培训、考试及安全技术交底，不合格者不准上岗。特殊工种必须要持证上岗。

（10）安全工器具和文明施工设施齐全，符合安全规程；选用经鉴定合格的产品，定期进行检查和试验并有记录。

（11）施工工器具、施工机械应有检验试验记录；施工机械运行正常，操作人员持证上岗，按规程操作；按规定保养机械并做好记录。

（12）施工所使用的安全防护用品在进场前均须进行检查和试验，记录备案后方可投入使用，存放整齐有序、标识清楚。

》【技能要领】

一、安全风险管控要求

针对悬浮抱杆组立铁塔，通过风险辨识以后，确定铁塔组立施工阶段施工风险，见表 6-2。

表 6-2　　　　　　　　　施工安全风险识别、评估及预控措施

风险编号	工序	风险可能导致的后果	固有风险级别	预控措施
04080401	吊装塔腿塔片	物体打击机械伤害触电	2	（1）绞磨距塔中心的距离应大于塔高的0.5倍且不少于40m，排设位置应平整，绞磨应放置平稳。场地不满足要求时，增加相应的安全措施。 （2）保证指挥人员能看清作业地点或操作人员能看清指挥信号。 （3）塔脚板就位后，上齐匹配的垫板和螺母，组立完成后拧紧螺母及打毛丝扣。 （4）铁塔塔腿段组装完毕后，应立即安装铁塔接地，接地电阻要符合设计要求
04080402	地锚坑选择、设置及埋设	物体打击机械伤害	3	（5）根据作业指导书的要求分拉线坑，各拉线间以及拉线及对地角度、地锚埋设符合方案要求。若达不到要求时增加相应的安全措施。 （6）受力地锚、铁桩牢固可靠，埋深符合施工方案要求，回填土层逐层夯实。严禁利用树木或裸露的岩石作为受力地锚。 （7）调整绳方向视吊片方向而定，距离应保证调整绳对水平地面的夹角不大于45°，可采用地钻或小号地锚固定。对于山区特殊地形情况大于45°的应考虑采用其他措施。 （8）牵引转向滑车地锚一般利用基础或塔腿，但必须经过计算并采取可靠的保护措施。 （9）采用角铁桩或钢管桩时，一组桩的主桩上应控制一根拉绳。 （10）各种锚桩回填时有防沉措施，并覆盖防雨布并设有排水沟。下雨后及时检查地锚埋设情况，如有土质下沉、流失等情况及时回填。 （11）拉线必须满足与带电体安全距离规定的要求。如不能满足要求的安全距离时，应按照带电作业工作或停电进行。 （12）地锚埋设应设专人检查验收，回填土层应逐层夯实

风险编号	工序	风险可能导致的后果	固有风险级别	预控措施
04080403	抱杆系统布置和起立抱杆	机械伤害	3	（13）组塔前，应根据作业指导书的要求分拉线坑，各拉线间以拉线及对地角度要符合措施要求，现场负责检查。 （14）作业前检查铁塔是否可靠接地。检查金属抱杆的整体弯曲不超过杆长的 1/600。严禁抱杆违反方案超长使用。 （15）高处作业人员要衣着灵便，穿软底防滑鞋，使用全方位安全带，速差自控器等保护设施，挂设在牢靠的部件上，且不得低挂高用。 （16）抱杆根部采取防滑或防沉措施。抱杆超过 30m，采用多次对接组立必须采取倒装方式，禁止采用正装方式。 （17）作业前校核抱杆系统布置情况。对抱杆、起重滑车、吊点钢丝绳、承托钢丝绳等主要受力工具进行详细检查，严禁以小带大或超负荷使用。 （18）钢丝绳端部用绳卡固定连接时，绳卡压板应在钢丝绳主要受力的一边，且绳卡不得正反交叉设置；绳卡间距不应小于钢丝绳直径的 6 倍；绳卡数量应符合规定。 （19）在抱杆起立过程中，根部看守人员根据抱杆根部位置和抱杆起立程度指挥制动人员回松制动绳；制动绳人员根据指令同步均匀回松，不得松落
04080404	地面塔片组装	物体打击	1	（20）杆塔地面组装场地应平整，障碍物应清除。 （21）仔细核对施工图纸的吊段参数，严格按照施工方案控制单吊重量，严禁超重起吊。 （22）山地地面组装时：杆塔地面组装时塔材不得顺斜坡堆放，选料应由上往下搬运，不得强行拽拉，山坡上的塔片垫物应稳固，且应有防止构件滑动的措施，组装管形构件时，构件间未连接前采取防止滚动的措施。 （23）塔材组装连铁时，应用尖头扳手找孔，如孔距相差较大，应对照图纸核对件号，不得强行敲击螺栓。任何情况下禁止用手指找正。 （24）作业时重点强调，起吊作业时，组装应停止作业，严格做到起吊时吊物下方无作业人员。在受力钢丝绳的内角侧不得有人

风险编号	工序	风险可能导致的后果	固有风险级别	预控措施
04080405	提升抱杆	物体打击高处坠落	2	(25) 承托绳的悬挂点应设置在有大水平材的塔架断面处，若无大水平材时应验算塔架强度，必要时应采取补强措施。 (26) 承托绳应绑扎在主材节点的上方。承托绳与主材连接处宜设置专门夹具，夹具的握着力应满足承托绳的承载能力。承托绳与抱杆轴线间夹角不应大于45°。 (27) 抱杆提升前，将提升腰滑车处及其以下塔身的辅材装齐，并紧固螺栓，承托绳以下的塔身结构必须组装齐全，主要构件不得缺少。 (28) 提升抱杆宜设置两道腰环，且间距不得小于5m，以保持抱杆的竖直状态，起吊过程中抱杆腰环不得受力。 (29) 吊装过程中，施工现场任何人发现异常应立即停止牵引，查明原因，做出妥善处理，不得强行吊装。 (30) 铁塔高度大于100m时，组立过程中抱杆顶端应设置航空警示灯或红色旗号
04080406	吊装和组装塔片、塔段	物体打击机械伤害高处坠落	3	(31) 起吊前，将所有可能影响就位安装的"活铁"固定好。吊件在起吊过程中，下控制绳应随吊件的上升随之送出，保持与塔架间距不小于100mm。 (32) 组装杆塔的材料及工器具禁止浮搁在已立的杆塔和抱杆上。 (33) 工具或材料要放在工具袋内或用绳索绑扎，上下传递用绳索吊送，严禁高空抛掷或利用绳索或拉线上下杆塔或顺杆下滑。 (34) 吊点绑扎要设专人负责，绑扎要牢固，在绑扎处塔材做防护，对须补强的构件吊点予以可靠补强。 (35) 磨绳缠绕不得少于5圈，拉磨尾绳不应少于2人，人员应站在锚桩后面，并不得站在绳圈内。 (36) 吊装过程中，施工现场任何人发现异常应立即停止牵引，查明原因，做出妥善处理，不得强行吊装。 (37) 构件起吊和就位过程中，不得调整抱杆拉线
04080407	拆除抱杆	物体打击高处坠落	2	(38) 拆除过程中要随时拆除腰环，避免卡住抱杆。当抱杆剩下一道腰环时，为防止抱杆倾斜，应将吊点移至抱杆上部，循环往复，将抱杆拆除

二、预防及应急措施

由项目经理及项目副经理、项目总工、技术员、安全员、作业班组长组成现场安全、技术保证网络。从技术上针对工程的特点指出危险点和重要控制环节与对策，明确作业方法、流程及操作要领；根据人员和机具的配备，提出保证安全的措施；针对工业卫生、环境条件，提出安全防护和文明施工的标准；提出出现危险及紧急情况时的针对性预防与应急措施。主要措施如下：

（1）防汛、防台风预防措施。

（2）起重伤害防范措施。

（3）起重作业高处坠落事故预防。

（4）起重机械吊具或吊物坠落事故的预防。

（5）起重机倾翻、折断、倒塌事故预防。

（6）起重机械触电事故预防。

（7）机械伤害防范措施。

（8）高处坠落防范措施。

（9）物体打击防范措施。

（10）中毒和窒息防范措施。

（11）火灾事故防范措施。

（12）道路交通事故防范措施。

附表 1　　　　　　　　　　各种塔型统计一览表

塔型	单基重量（kg）	全高（m）	塔号	数量（基）	地脚螺栓规格
共计：　　kg			总数		

附表2　　　　　　　　　铁 塔 分 段 组 合 表

段别	名称	分段重 kg	分解方式		垂高（m）	长度（mm）	吊装方式
	横担部分		单只横担重量（kg）				
(1)	地线横担						
(2)	…						
(3)	导线横担						
(4)	…						
(5)	…						
	塔身部分		分片重量（kg）	主材连接辅材重量（kg）	垂高（m）	下根开（mm）	
(6)	身部						
(7)	…						
(8)	…						
(9)	…						
(10)	…						
(11)	…						
(12)	…						
(13)	腿部						
	塔脚板						
呼高						总计：　　kg	
备注							